铝系无机材料
在含砷废水净化中的关键技术

罗永明　韩彩芸　何德东　著

北京

冶金工业出版社

2020

内 容 提 要

本书共6章，分别介绍了含砷废水处理的技术方法类型、吸附法除砷的基本理论和介孔铝基材料的合成方法，重点就纯氧化铝、稀土改性氧化铝吸附剂、过渡金属改性氧化铝对砷的吸附性能和吸附机理进行了考察与分析，并简述了含砷废水去除方面的成果等。

本书可供环境、化工、材料等领域的工程技术人员阅读，也可作为高等院校相关专业的参考用书。

图书在版编目 (CIP) 数据

铝系无机材料在含砷废水净化中的关键技术 / 罗永明，韩彩芸，何德东著 .—北京：冶金工业出版社，2019.2
(2020.1 重印)

　ISBN 978-7-5024-8013-4

　Ⅰ.①铝… Ⅱ.①罗… ②韩… ③何… Ⅲ.①铝—无机材料—应用—废水处理—研究 Ⅳ.①X703.1

　中国版本图书馆 CIP 数据核字 (2019) 第 023757 号

出 版 人 陈玉千
地 址 北京市东城区嵩祝院北巷 39 号 邮编 100009 电话 (010)64027926
网 址 www.cnmip.com.cn 电子信箱 yjcbs@cnmip.com.cn
责任编辑 王梦梦 美术编辑 郑小利 版式设计 禹 蕊
责任校对 李 娜 责任印制 李玉山
ISBN 978-7-5024-8013-4
冶金工业出版社出版发行；各地新华书店经销；北京建宏印刷有限公司印刷
2019 年 2 月第 1 版，2020 年 1 月第 2 次印刷
169mm×239mm；8 印张；155 千字；118 页
48.00 元

冶金工业出版社 投稿电话 (010)64027932 投稿信箱 tougao@cnmip.com.cn
冶金工业出版社营销中心 电话 (010)64044283 传真 (010)64027893
冶金工业出版社天猫旗舰店 yjgycbs.tmall.com
(本书如有印装质量问题，本社营销中心负责退换)

前　言

我国是一个淡水资源严重短缺的国家。据专家预测，若干年后我国将成为联合国认定的中度缺水型国家之一。同时，我国经济正处于快速发展阶段，各工业生产所带来的污染也在加剧着我国的缺水形势。目前，类金属砷所引发的污染已成为我国乃至影响全球水环境污染的主要问题之一。世界卫生组织在2004年公布的数据显示，全球每年约有5000万人口面临着砷污染威胁，且这一数据会随着工业发展而继续增长，所以有效去除水体中的砷成为人们关注的热点问题之一。我国多地政府部门也在环境保护文件中将砷列为重点去除对象。

吸附法由于操作简单、去除效率高、不产生或很少产生二次污染、吸附剂可循环使用等优点而备受人们关注。在众多吸附剂中，氧化铝被联合国环境规划署（UNEPA）划分为能够有效去除砷污染物的吸附剂之一。但传统活性氧化铝具有吸附容量和吸附速率较低以及有效使用pH值范围较窄等缺点，低吸附容量会增加其处理每吨水的用量，低吸附速率会延长水的停留时间，较窄的pH值使用范围（5.5~6.5）要求实际使用时对水体pH值进行严格调整。

本书根据环境学科和水处理工程应用的实际需求，叙述了针对氧化铝作为吸附剂处理砷污染问题时所面临的问题，提出用环境友好型非离子表面活性剂P123为表面活性剂、异丙醇铝为铝源来合成高砷吸附性能的介孔氧化铝，并用稀土和过渡金属来修饰所得介孔氧化铝，修饰所得复合材料分别从饮用水和工业废水两个角度来处理砷污染水体。

　　本书共6章，分别介绍了含砷（As(Ⅴ)）废水处理的技术方法类型、吸附法除砷的基本理论和介孔铝基材料的合成方法，重点就各材料对砷的吸附性能和吸附机理进行了考察与分析。研究成果可供化工和环境工程等领域的科研和工程技术人员参考使用，为后期砷吸附剂和其他吸附材料的研发提供理论指导。本书第1~3章由韩彩芸撰写，第4章由何德东撰写，第5章、第6章由罗永明撰写。

　　由于作者水平有限，书中谬误之处恳请专家学者批评指正。

作　者

2018 年 6 月于昆明理工大学

目　录

1 含砷废水处理概述

党的十九大报告指出，中国特色社会主义进入新时代，我国社会主要矛盾已经转化为人民日益增长的美好生活需要和不平衡不充分的发展之间的矛盾。人民在民主、法制、公平、正义、安全和环境等方面的要求日益增长。环境作为绿色发展的主要内容，已经成为解决新时期社会主要矛盾的重要手段之一。重金属污染是影响人民群众身心健康的突出环境问题之一，我国自 2007 年以来重金属污染日益凸显（见表 1-1），所以解决重金属污染问题已迫在眉睫。同时，随着各国饮用水中砷的最高容许浓度从 0.05mg/L 降至 0.01mg/L，含砷水处理已成为国内外水环境保护工作者关注的热点问题之一。为此，我国政府部门在 2011 年将《重金属污染综合防治"十二五"规划》作为国家第一个"十二五"专项规划，各省市也相继在完成"十二五"规划后制定出"十三五"重金属防治规划。其中，类金属砷由于其高毒和致癌性，被列为第一类控制对象，需要重点防治。

表 1-1　近年来我国发生的重金属污染事件

时间	地点	污染源	时间	地点	污染源
2007 年 12 月	贵州独山县	砷	2010 年 3 月	四川隆昌县	铅
2008 年 1 月	湖南辰溪县	砷	2010 年 3 月	湖南郴州	铅
2008 年 1 月	广西河池	砷	2010 年 6 月	湖北崇阳	铅
2008 年 6 月	云南阳宗海	砷	2010 年 7 月	福建闽西	铜
2008 年 8 月	河南大沙河	砷	2010 年 7 月	云南大理	铅
2009 年 6 月	湖南娄底	铬	2010 年 12 月	安徽怀宁	铅
2009 年 7 月	湖南浏阳	镉	2011 年 3 月	浙江德清县	铅
2009 年 8 月	陕西凤翔县	铅	2011 年 3 月	浙江台州	铅
2009 年 8 月	昆明东川区	铅	2011 年 5 月	广东紫金县	铅
2009 年 8 月	湖南武冈	铅	2011 年 8 月	云南南盘江	铬
2009 年 9 月	福建上杭	铅	2011 年 9 月	上海康桥	铅
2009 年 10 月	河南济源	铅	2011 年 10 月	河南义马	铬
2009 年 12 月	山东临沂	砷	2012 年 1 月	广西龙江河	镉
2009 年 12 月	广东清远	铅	2012 年 2 月	广东仁化县	铅
2010 年 1 月	江苏大丰	铅	2016 年 3 月	江西新余市	镉

　　铝基材料由于其优异的机械、化学等性能，目前主要被用作超高温窑炉绝热材料、石油化工工业用耐高温抗腐蚀炉衬材料、保温材料、陶瓷、热催化反应的催化剂载体和吸附剂等。在水处理中，由于其表面含有丰富的官能团，被广泛用来吸附分离溶质，如磷酸、钙离子、染料和氟等，并取得较好的效果[1]。在水体重金属分离领域中，由于铝与砷所特有的亲和性，氧化铝被联合国环境规划署（UNEPA）认定为能够有效去除砷污染物的吸附剂之一。近年来，随着介孔材料飞速发展，其在非线性光学、光电器件、催化、传感材料、生物医药和化工分离等领域卓有成效。所以对于介孔铝系材料在含砷水处理领域中的应用研究就显得尤其重要，还可为介孔材料的进一步发展和含砷水的进一步分离纯化提供技术支撑。

1.1　含砷废水的来源与危害

1.1.1　砷及其来源

　　砷（As）位于元素周期表第四周期，第 V 主族，处于金属与非金属过渡的区域，俗称为类金属，是地壳中第 20 位最丰富且较分散的元素[2]，在海水中的含量居于第 14 位，在人体中的含量居第 12 位。因此，砷可以说是广泛存在于自然界，地壳岩石中的砷化物经过自然风化而进入环境成为砷的自然源，并构成砷在环境中的本底值，其在自然环境中的平均含量见表 1-2。

表 1-2　砷在自然环境中的平均含量[3]　　　　　（mg/L）

土壤	海水	海底沉积物	淡水	地下水	大气		
					芝加哥	多伦多	北京
5~6	0.003	10	1.5~2	3	12	12	0.022

　　20 世纪 50 年代以来，随着科学技术的发展，我国矿业开采日益增大，砷矿和其他含砷矿（如硫化物矿中雄黄（As_4S_4）和雌黄（As_2S_3））被大量开采。但由于开采和选冶技术的落后，大量砷化物被释放并进入环境。此外，随着工农业生产和人们生活水平与需求的提高，砷化物被广泛应用于工业（燃料、颜料、材料防腐剂和半导体等）、农业（除草/杀虫剂、化肥等）、畜牧业（饲料）和医药卫生（牙科）等行业中[4]。故而，砷可随着这些人类日常生产和生活活动以化合物形式通过化学和生物迁移转化方式进入水体、土壤、植物、底泥和各生物体中。其中含砷废水主要来源于冶金（尤其是铜、锌、铅、镉、金和银等[5]的冶炼）、氧化锌与硫酸生产、燃煤和磷化工[6,7]等工业生产。据 Nriagu 的估算，每年全球由于人类活动（采矿、化工和农业等）所排入水体的砷为 12.0 万吨[8]，而由于自然作用（风化、侵蚀和溶解等）释放到环境中的砷仅为 2.21 万吨（其

中火山喷发 1.72 万吨，海底火山 0.49t）[4]。由此可见，人为源是导致水环境中砷含量增高的主要原因。

1.1.2 砷的危害

正常情况下，砷可以通过食物、水源和大气进入生物机体，而适量砷具有利于血红蛋白合成、促进生物体生长发育、抑制皮肤老化和提高人体免疫力等作用[9]。但过量砷的摄入可使人体砷中毒，细胞代谢发生障碍，导致细胞死亡。人体砷中毒的主要症状为呕吐、腹痛、腹泻、肠肌疼挛、虚脱，甚至严重时会导致死亡。如人体长期饮用含砷为 0.1～4.7μg/mL 的水会引起慢性中毒，出现疲劳、心悸、腹痛和呕吐等症状；1900 年在英国曼彻斯特因啤酒中含砷而造成超 6000 人急性中毒和多人死亡；1955 年在日本发生的森永奶粉砷中毒事件，致使过万人中毒、不少婴幼儿畸形残废；2014 年 2 月我国湖南石门县披露该范围雄黄矿区内砷中毒者在 60 余年中累计达 1200 余人。砷化物导致生物体中毒的主要原因是砷化物可与巯基酶结合，尤其是与丙酮酸氧化酶的巯基具有强的结合力，生成丙酮酸氧化酶和砷的复合体，这种复合体可以使酶失去原有的活性，影响细胞的正常代谢，大大降低甚至损伤细胞的功能[10]。

砷化物有较强的稳定性，在自然条件下很难分解和去除。由于无机砷化合物能引发肝癌、肺癌、皮肤癌等，已被国际癌症研究所、美国环境保护局和国家毒理学计划等诸多权威机构公认为致癌物质[11]。此外，由于砷酸盐与体内磷酸盐的拮抗作用，抑制了呼吸链的氧化磷酸化，进而抑制了细胞内的呼吸作用。再者，砷作为类金属，可在人体内富集，对人体造成长期危害，危害多个系统功能（主要是神经系统、毛细管渗透性和新陈代谢），造成非致癌性危害；当砷大量富集时，还会抑制人体正常的免疫功能，引起姐妹染色单体交换，抑制 DNA 修复等[12,13]。对植物而言，砷还可以破坏植物叶绿素、阻碍植株体内水分的运行、影响植物对水分和营养的吸收，从而破坏生态系统的正常发展。

1.1.3 我国水资源现状

我国是一个干旱缺水严重的国家。我国的淡水资源总量为 28000 亿立方米，占全球水资源的 6%，仅次于巴西、俄罗斯、加拿大、美国和印尼，名列世界第六位。但是，我国的人均水资源量只有 2300m^3，仅为世界平均水平的 1/4，是全球人均水资源最贫乏的国家之一，居世界第 109 位。而水资源的需求几乎涉及人民生活和国民经济的方方面面，如采矿业、制造业、建筑业、农业、林业和畜牧业等。严重缺水导致我国城镇化建设进程、GDP 增长和居民生活水平与幸福感的提高都受到限制。

据不完全统计，我国每年有大量的工业废水（约 6000 万立方米）、生活污水

（5000万立方米）和其他废弃物进入江河湖海等水体，这些污染物远远超过水体本身的自净能力，使得水体物理、化学和生物等方面的特征发生改变，影响水体的利用价值，致使我国1/3以上的河段受到污染，约有1.28万千米的河段不能用于农业灌溉。

此外，酸雨也在不断破坏我国水质，使得我国的缺水问题日益严重。2016年我国酸雨区面积约69万平方千米，约占国土面积的7.2%；其中，较重酸雨区和重酸雨区面积占国土面积的比例分别为1.0%和0.03%。酸雨污染主要分布在长江以南-云贵高原以东地区，主要包括浙江、上海、江西、福建的大部分地区以及湖南中东部、广东中部、重庆南部、江苏南部和安徽南部的少部分地区。

除了外界污染之外，水资源的浪费现象在我国也很严重。如工业用水方面，许多企业设备陈旧、工艺落后、水的循环利用率低，仅为发达国家的1/3；农业灌溉方面，由于灌溉技术落后、工程不配套、管理不善等原因，我国灌溉用水的利用率不到40%，且灌溉总用水量的约43%通过渠道渗漏而流失；在生活用水方面，水龙头漏水现象也不同程度地存在着。

1.1.4 砷污染现况

水体中的砷污染主要有前述自然源和人为源。自然源主要是与含水层相邻的土表层，它所引发的污染中含砷多为微量，一般不会对人体健康造成危害。此外，砷大多以硫化物的形式夹杂在锌、锡、镍、金、铜、铅和钴矿中。所以，砷可通过人为途径——砷和含砷矿的开采、选矿、冶炼加工等，以及在工农业生产和应用中造成二次砷污染。近年来，随着经济、城市化进程和工农业的快速发展，含砷工业废水、废渣、农药和大气沉降物等不断排入水体中，致使水环境中的砷含量超出本身环境容量，也大大超出国家标准。据1990年全国工业污染源调查结果显示，全国工业废水中砷污染物排放量为1697.85吨/年，其中化工行业年排砷量为908.19t、有色金属矿的采选和冶炼每年分别排砷为374.1t和181.7t。经计算，这些砷化合物如不处理而直接排放，会导致我国有2亿~33亿吨水体中砷含量超过国家标准，使得砷浓度达到0.06~1mg/L。据中国有色金属工业协会对全国主要有色金属企业（包括锡、锑、汞工业企业）统计，2001~2009年有色金属工业废水排放总量已达到25.57万吨。

由于砷在水体中的大量排放，近年来国内外砷污染事件频发。澳大利亚、加拿大、美国、印度、孟加拉国、日本和阿根廷等20多个国家都出现了水体砷中毒事件，我国在近些年也成为砷污染严重的国家，由表1-1可知，仅2008年就在贵州独山县、湖南辰溪县、广西河池、云南阳宗海、河南大沙河（先后2起砷污染事件）发生6起砷污染事件，又于2009年在苏鲁交界的邳苍分洪道先后发生两次由于企业排污造成的砷污染事件。这些污染事件不仅造成严重的环境影响，还造成多人中毒和大量经济损失。

1.1.5 含砷废水中砷的存在形式

砷常以有机和无机两种形式存在于环境中，其中无机砷的毒性大于有机砷，且主要的有机砷化合物——单甲基砷和双甲基砷在自然环境中很容易被还原成三甲基砷逸散至空气中，所以人们更加关注对无机砷的去除。而无机砷在环境中以 As^{3-}、As^0、As^{3+} 和 As^{5+} 四种价态形式存在。四种价态中最常见的是 As^{3+} 和 As^{5+}，但二者在水溶液中的存在形式主要取决于溶液 pH 值，具体见表 1-3。虽然 As(Ⅲ) 的毒性很高，但其在水体中含量却小[5]，且目前人们对 As(Ⅲ) 的去除主要是通过添加氧化剂将其氧化成 As(Ⅴ) 来进行，所以对 As(Ⅴ) 进行去除研究也成为除砷研究者的工作重点和热点。

表 1-3 As(Ⅲ) 和 As(Ⅴ) 在不同 pH 值下的主要存在形式

As 的价态	pH 值范围						
	1~2.24	2.25~6.76	6.77~9.23	9.24~11.6	11.7~12.1	12.2~13.4	13.41~14
As(Ⅲ)	H_3AsO_3	H_3AsO_3	H_3AsO_3	$H_2AsO_3^-$	$H_2AsO_3^-$	$HAsO_3^{2-}$	AsO_3^{3-}
As(Ⅴ)	H_3AsO_4	$H_2AsO_4^-$	$HAsO_4^{2-}$	$HAsO_4^{2-}$	AsO_4^{3-}	AsO_4^{3-}	AsO_4^{3-}

1.2 含砷废水处理技术概况

砷对人体和环境的危害引起了世界各国的重视。我国新修订的《生活饮用水卫生标准》（GB 5479—2006）和《污水综合排放标准》（GB 8978—1988）中都将砷列为重要的水质指标。前者规定饮用水中砷含量不得超过 0.01mg/L，后者明确规定砷是一类污染物，不得使用稀释法来代替必要的处理。而一般企业的含砷废水在处理前的浓度都远高于国家标准——砷最高所容许排放浓度为 0.5mg/L，所以，研究有效的除砷技术就显得尤为重要了。以下就国内外含砷水的处理技术现状进行阐述。

1.2.1 沉淀法

沉淀法是废水处理中应用最普遍的方法，它主要是通过添加药剂或能量，使之与水体中的呈溶解态的砷发生化学或物理化学作用，从而生成难溶的沉淀物或絮凝体矾花，通过沉淀从水中分离。该方法包括共沉淀法和絮凝沉淀法等。目前，在含砷水处理中应用比较多的沉淀剂有硫化物、铁盐、铝盐、钙盐等[14]。如：

$$AsO_4^{3-} + S^{2-} \longrightarrow As_2S_5 \downarrow \qquad (1-1)$$
$$AsO_4^{3-} + Fe^{3+} \longrightarrow FeAsO_4 \downarrow \qquad (1-2)$$

$$AsO_4^{3-} + Al^{3+} \longrightarrow AlAsO_4 \downarrow \qquad\qquad (1-3)$$

$$2AsO_4^{3-} + 3Ca^{2+} \longrightarrow Ca_3(AsO_4)_2 \downarrow \qquad\qquad (1-4)$$

沉淀法在重金属废水处理中是工艺较为成熟的方法，它具有去除范围广、效率高、经济简便等特点。用此法除砷时，除有难溶盐生成，金属离子本身形成的氢氧化物沉淀还会与砷酸根发生共沉淀，这会大大提高砷的去除率，但由于需要投加大量化学药剂从而产生大量的污泥/废渣，而这些废渣现阶段仍然没有较好的处理方法，易引发二次污染问题，且处理后的水质由于外加元素的含量超标很难达到回用水的要求。

1. 2. 2　电凝聚法

目前，电凝聚法被用来处理各种类的水。电凝聚又称电絮凝，在处理重金属废水过程中，具有凝聚、吸附、氧化、还原以及气浮等作用，可在处理重金属的同时去除其他悬浮物、有机物和浮化液等。

电凝聚处理废水的基本原理是，将金属电极放置在待处理的废水中，并通以直流电，废水在外电压作用下利用金属为溶解性阳极产生大量的金属阳离子，金属阳离子在水中水解、聚合、生成一系列多核水解产物而起到凝聚作用。在含砷水处理中，多以铝或铁作为阳极，阳极铁或铝在直流电作用下进行电解，铁或铝失去电子后溶于水，与富集在阳极区域的氢氧根生成氢氧化物，这些氢氧化物作为凝聚剂与砷酸根发生絮凝和吸附作用。与化学混凝法相比，它对三价砷的去除效率得以提高，但是对五价砷的去除基本上保持不变。它的去除机理是：三价砷被氧化成五价，然后再通过金属氢氧化物的吸附或络合作用来去除。此法可从含砷废水中去除99%的砷，但是去除效率与电荷密度密切相关，因此，电荷密度必须作为设计参数来考虑[15]。

此外，影响电凝聚处理含砷废水的因素还有废水 pH 值、水温、离子种类和数量等。(1) 其中，pH 值主要影响阳极金属溶解出来的金属阳离子经水解和聚合等反应所形成的配位化合物形态：如 pH 值在 4~9 范围时，阳极铝溶解产物主要有 $Al(OH)_3$、$Al(OH)_2^+$、$Al(OH)^{2+}$ 和 $[Al(OH)_4]^-$ 等，它们表面所带电荷数量不同，但都可通过吸附网捕作用来去除 As(V)；在 pH 值大于 9 的环境中，$Al(OH)_3$ 可与水体中的 OH^- 反应生成 $[Al(OH)_4]^-$，所以阳极铝的溶解产物主要为 $[Al(OH)_4]^-$，但由于 As(V) 在此水环境中同时以负电荷形式存在，所以不能通过吸附网捕作用来去除 As(V)，其主要除砷作用为压缩双电层作用。(2) 水温的影响主要体现在随着水温的改变，铝的电流利用效率会发生变化：当废水温度从 2℃升至 30℃，电流效率由于铝氧化膜的破坏而迅速增长，并降低电耗；而当废水温度高于 60℃时，电流效率由于阳极金属水解产物的容积紧密性变差而降低；但在相同电流密度下进行电凝聚时，提高水温可大大降低废水处理的能耗。

电凝聚技术用来处理受污染水体时还有一个重要考虑方面——金属电极的钝化，即金属电极表面形成新的氧化膜或沉积物将金属的活性中心封闭在其内部，导致电凝聚反应不能进行。如金属铝阳极由于吸附氧生成氧化铝薄膜，而在其阴极由于析氢生成碳酸钙和氢氧化镁沉淀，它们的生成均会导致金属电极的钝化。为了防止钝化，一般需要倒换金属阴阳极。

1.2.3 膜法

膜法是一种物理分离过程，它通过使用一种特殊的半透膜并利用膜的选择透过性，在外界压力作用下，不改变溶液中化学形态的基础上将溶剂和溶质进行分离或浓缩的方法来去除砷。膜技术包括反渗透、超滤、纳滤、电渗析、液膜和渗透蒸发等。在各种膜技术中，人们主要运用纳滤膜技术和电渗析技术来除去水中的砷。

李菁等人研究运用戈尔薄膜过滤处理含砷废水，发现去除条件充分时，处理后的水质达到国家排放标准[16]。Sato 等人[17]研究表明：纳滤膜在相对低的压力且不添加任何化学物质情形下，即可去除 95% 的 As(V) 和 75% 的 As(Ⅲ)，并且由于它不受原来水质的影响，可用来去除各种类型的水。夏圣骥等人[18]进一步研究发现：在用纳滤膜处理含砷水时，pH 值越高，纳滤膜对砷的去除率越高。曲丹等人[19]用新型的膜蒸馏技术来去除水中的砷。实验结果表明，膜蒸馏技术对水中 As(Ⅲ) 及 As(V) 具有较高的去除能力：当产水中砷含量超过 $10\mu g/L$ 时，原水中 As(Ⅲ) 与 As(V) 的浓度可分别高达 $40mg/L$ 和 $2000mg/L$。这解决了以往膜处理技术对 As(Ⅲ) 去除效率低的问题。

该技术的优点是：节能、无二次污染，且一般是在常温下操作。缺点是：该技术对设备、膜、操作条件的要求都很苛刻，膜组件昂贵导致其成本高、不经济，此外使用过程中会存在膜污染和膜通量下降问题。随着膜技术的发展，将膜技术与其他工艺组合起来使用将会成为未来的发展趋势。

1.2.4 电渗析法

电渗析法以选择性离子交换膜为分离介质，以直流电场作为驱动力，将电解质离子组分从水溶液和其他组分中分离出来。在分离水中溶质组分时，仅有溶质离子通过交换膜，而溶剂是不通过膜的，且各种溶质离子的迁移方向和迁移速率是取决于溶质离子的带电量、迁移性，溶液的电导率和操作电压等。离子的选择透过性还和离子交换半透膜的性质相关。

此技术是在插有不同电极性的两张半透膜之间通入含砷水，在直流电作用下，水体中的阴阳离子由于电场力的存在而向两极移动，阴膜只容许阴离子——砷的酸根形式透过，这样就达到除砷和净化水体的目的。此法处理废水的特点是设备简单、操作方便且不需要消耗化学药品，但该技术主要用于物质的纯化，在含砷水处理中目前仍然处于实验阶段，其原因主要是该技术处理能力小，周期长，且需要消耗大量电能，对设备腐蚀大等。

1.2.5 离子交换法

离子交换法就是废水中的离子与离子交换剂上有相同电荷的离子进行交换，从而去除水中污染物的一种方法。在含砷水处理中，离子交换法主要是采用阴离子交换树脂与 As(V) 的阴离子存在形式发生离子交换，使砷被固定在树脂中，而树脂中的无害阴离子释放到水体中，并且处理过的废弃树脂还可用氢氧化钠等来实现树脂的再生和循环使用。胡天觉[20]制备了一种螯合离子交换树脂。在常温下，该树脂能够高效的交换吸附 As(Ⅲ) 离子，并且用含 5%硫氢化钠的 2mol/L 的氢氧化钠来洗涤可完全回收 As(Ⅲ)，并使树脂再生循环使用[20]。穆庆斌通过对氯离子形式的强碱阴离子树脂床研究发现：该树脂对废水中的 As(V) 能有效去除，但该树脂只能与 As(V) 发生交换反应，若水中含有 As(Ⅲ)，则在进入离子交换过程处理前要被氧化成 As(V)[21]。

离子交换法的处理量大，操作简单，交换反应快，分离效果好，有利于各种有价成分的回收利用，并且树脂可以再生使用。但是，水中存在的其他溶解固体或其他污染物会影响其去除效率，甚至于悬浮微粒会堵塞交换床，因此，需要预处理过程。但当原水含大量 SO_4^{2-}、PO_4^{3-}、NO_3^- 等阴离子时，树脂处理效果受到很大的影响，所以它不太适宜多种污染离子共存水的处理。

1.2.6 生物法

生物法是在生物的作用下氧化、降解、去除重金属，它主要是依据一些对重金属有特殊忍受力的生物的吸收、催化转化、络合作用和沉淀作用等来去除水体中的重金属。生物法除砷不仅是通过生物将砷富集、浓缩，而且还将其甲基化，这在一定程度上降低了水体的毒性（水体中的砷主要是无机砷，而甲基化的砷，如甲基砷、二甲基砷、三甲基砷的毒性比无机砷低很多），所以生物对砷的富集是一个对含砷水体降毒、脱毒的过程。目前的生物除砷方法有：生物膜法、微生物胞内/外转化法、植物吸收法等。

人们常用的生物除砷方法是活性污泥法。由于污泥具有吸附能力，活性污泥对低浓度砷的去除率高于对高浓度砷的去除率；由于整个过程是微生物作用，且 As(Ⅲ) 对活性污泥的毒性大于 As(V) 的，所以它在处理含砷废水时要将 As(Ⅲ) 氧化成 As(V)。但是，由于生物酶只有在适宜的 pH 值和温度下才能发挥最大活性，所以它受 pH 值影响较大——影响微生物对营养物的吸收、酶活性及微生物对高温的抵抗能力[22]。廖敏等人[23]以菌藻共生体（除砷机理一般可认为是藻类和细菌的共同作用）来去除水体中的砷发现，菌藻共生体可以高效同时去除水体中的 As(Ⅲ) 和 As(Ⅴ)，在除砷过程中伴随出现有解吸现象。

生物法对水中砷有较强的去除能力，并能同时去除水中的营养物，而且费用较低；但是，由于微生物对外界环境要求严格，这也制约了它的发展。

1.2.7 吸附法

吸附技术是利用砷与吸附材料间较强的亲和力而达到净化除污的目的。由于简单易行，处理量大，经济适用，可将废水中的砷降低到最低水平而不增加盐浓度，并能回收一定的吸附质而引起研究者的广泛关注。根据吸附质与吸附剂间的作用方式，吸附机制有依靠分子间作用力而发生吸附作用的物理吸附，有通过生成新的化学键而发生的化学吸附以及溶质与吸附剂通过发生离子交换作用而产生吸附的交换吸附，但在其具体的吸附案例中，往往是几种作用方式共同作用的结果。

吸附法去除水体中溶质的研究中，影响整个吸附系统溶质去除效果的最关键因素是吸附剂的选择。迄今为止，研究者们除了对传统吸附剂进行重金属去除研究外，也不断开发新的吸附剂，现已研制出了大量的吸附材料，但高吸附容量和适用范围的拓展依然是研究者们所要努力的方向。目前，在含砷水处理中研究的吸附剂有活性炭、金属（氢）氧化物、矿物质、生物吸附剂和离子交换树脂等。关于国内外就吸附剂在砷废水去除中的发展状况将在本书第1.3节中详细阐述。

吸附系统中溶质的去除效果除受吸附剂种类的影响之外，吸附液 pH 值、吸附剂用量、反应接触时间、溶质溶度和反应体系的温度等都会影响溶质的去除效果。

1.2.8 萃取法

萃取技术进一步划分有液液萃取、液固萃取、胶团和反胶团萃取、超临界萃取和凝胶萃取等。在水处理与净化中应用最多的是液液萃取，其是指将选定的某种溶剂，加入液体混合物中，根据混合物中不同组分在该溶剂中的溶解度不同，将所需要的组分分离出来的操作。即利用砷在互不相溶的两液相间分配系数的不同使其达到分离目的。萃取技术由于具有较高的选择性和分离性而成为去除砷的有效方法。它适用于水量小、高浓度的含砷水体。砷从废水中转移到有机相，是靠砷在废水中的实际浓度与溶剂中的平衡浓度之差进行的，这个差值越大萃取则越易进行。常用的砷萃取剂有磷酸三丁酯（TBP）、双-乙基己基磷酸（D_2EDTPA）、二异丁基甲酮（DBK）和乙酰胺等。除单一萃取剂在含砷水中的处理，林国梁等人[24]用 TBP 和 D_2EDTPA 两种萃取剂来萃取砷，两种催化剂的协同作用提高砷的萃取率。

　　萃取法虽然具有来源方便，操作简单，除砷效果好等方面的优点，但目前还没有用于工业生产废水和生活饮用水除砷的报道。

1.2.9　浮选法

　　浮选法是在固液分离技术上发展起来的，分为离子浮选、泡沫浮选、沉淀浮选等多种浮选技术，它在废水处理领域有着广泛的应用。离子浮选法是在含砷废水中，加入具有和它相反电荷的捕集剂生成水溶性的络合物或不溶性的沉淀物，使其黏附在气泡上，之后再浮到水面上形成浮渣并进行回收的操作。美国用絮凝剂泡沫浮选法对低浓度含砷废水进行处理，在氢氧化铁絮凝剂和十二烷基硫酸钠捕集剂作用下，可将这些含砷水的浓度降低到 0.5mg/L 以下[25]。该法具有处理量大、成本低及操作方便等优点，但合适捕集剂的优选较难。捕集剂有个共同特点是由于捕集剂分子复杂，立体障碍大，只能和重金属形成 1∶1 的络合物，影响了该方法的实用性。

　　综上可知，上述各种方法具有其自身特点，但吸附法由于简单易行、去除效果好、能回收废水中的砷，对环境不产生或很少产生二次污染，且吸附材料来源广泛、价格低廉、可重复使用，因而备受人们关注，现已成为研究热点[26]。

1.3　国内外吸附剂发展概况

1.3.1　矿物吸附剂

　　沸石和黏土是常见的矿物，其中沸石由于具有整齐的晶穴、晶孔和孔道而具有独特的选择吸附性，以铝、镁和硅为主的黏土矿物由于粒径小、比表面积大、孔隙率和离子交换性能都较高被人们用作吸附剂，并在含砷水处理中得以运用。Chutia 等人[27]用合成的 H-MFI-24 和 H-MFI-90 两种沸石来去除 As(Ⅴ)，实验数据符合 Langmuir 单分子层吸附等温式，它们的理论最大吸附容量分别为35.8mg/g 和 34.8mg/g。此外还有人对沸石展开改性研究，并对改性后的材料进行了 As(Ⅴ) 去除研究：P[28]、La[29]、Ce[30]、Fe[31] 分别就斜发沸石、天然沸石（其组分为 $Na_2O:0.4K_2O:0.6CaO:2.9Al_2O_3:18.3SiO_2:3.2H_2O$）、P 沸石和天然沸石凝灰岩进行了改性，它们的除砷研究结果表明它们对砷的去除能力较原沸石都有所提高，其中变化最明显的是 P 改性的斜发沸石，它对 As(Ⅲ) 的吸附容量在 pH 值为 5 时较改性前提高 6 倍。黏土矿物中高岭土、蒙脱石和伊利石是有效的 As(Ⅴ) 吸附剂，Manning 等人[32]发现这三种典型的黏土吸附剂在它们各自最优的 pH 值条件下，对 As(Ⅴ) 的最大吸附容量在 0.15～0.22mmol/kg 范围内。

1.3.2 炭类吸附剂

活性炭由于含有丰富的孔隙结构、巨大的比表面积和大量羧基、羟基、酚羟基等官能团备受关注。

目前，应用在含砷水处理中的活性炭有：颗粒活性炭[33,34]和活性炭纤维[35]，它们的吸附主要为物理吸附，且最大吸附容量才 3.09mg/g。由于活性炭有巨大比表面积（约 1000m²/g），易为载体，于是人们对其进行各种改性处理：HNO_3 和 H_2SO_4 对活性炭颗粒的改性使活性炭表面产生了易与砷形成配位体的—COOH 和—SO_2OH 官能团[36]；$FeCl_2$[37]、$FeCl_3$[38]和 $Fe(NO_3)_3$[39]对活性炭的改性，主要是通过添加与砷有较高亲和性的铁来提高其除砷能力；Cu[40]和 Zr[41,42]对活性炭的改性使其表面的活性位点—OH 增多，从而提高其吸附容量，其对 As(V) 的最大吸附容量分别为 19mg/g 和 2.8mg/g。这些改性虽能不同程度提高吸附剂对砷的去除效果，但相对而言，其吸附容量仍然较小，因此研究者们继续在探讨其他种类的材料。

1.3.3 金属基吸附剂

1.3.3.1 铁基吸附剂

作为传统吸附剂——铁基吸附剂，人们对它在含砷水处理中的运用进行大量研究，如零价铁屑[43]、铁的（氢）氧化物[44,45]、铁盐[46]，此外还有各种铁矿石[47,48]。Mamindy-Pajany 等人[48]研究发现，铁基吸附剂的吸附能力与吸附剂的铁含量（活性位点）和孔结构有关，零价铁对 As(V) 的吸附容量和速率都大于其他铁矿石；Beker 等人[44]用 10~50nm 的 Fe_3O_4 晶体做 As(V) 吸附研究发现，由于吸附剂制备方法的独特而使 Fe_3O_4 含有大量的羟基、吸附剂表面的路易斯酸性增加，从而 As(V) 与 Fe_3O_4 通过静电和路易斯酸作用方式增强其对 As(V) 的吸附容量（49.6mg/g）。

目前，普通纯铁基吸附剂对 As(V) 的吸附容量相对较小，多适于处理低浓度含砷水。

1.3.3.2 铝基吸附剂

除铁基吸附剂外，铝基吸附剂是吸附分离领域的另一重要材料。氧化铝由于有较大的比表面积、较高的机械强度和热稳定性且晶格中富含阳离子与氧缺位，使其在分离水体污染物领域中备受关注。但普通活性氧化铝和铝矿石（三水铝石）对砷的吸附容量很小，为提高其吸附性能，研究者就活性氧化铝的改性和改良展开研究。

Tripathy 等人[49]通过在活性氧化铝上负载铝 [以 $Al_2(SO_4) \cdot 3H_2O$ 为铝源] 来改性氧化铝，负载虽使材料表面积和孔容降低，但其活性位点增多，对 As(V) 的去除范围从原来的纯酸性环境变为 pH 值为 3.5~8。伴随介孔分子筛的发展，Yu 等人[50]用介孔氧化铝分子筛来吸附 As(V)。结果显示，吸附的最优 pH 值为 4，此时溶液 pH 值低于吸附剂零点电荷，吸附剂带正电，而砷主要以 $H_2AsO_4^-$ 形式存在，所以 As(V) 通过静电作用吸附在氧化铝表面；当氧化铝表面的电荷为中性时，$Al(OH)_3$ 与 $H_2AsO_4^-$ 或 $HAsO_4^{2-}$ 通过配位体交换释放 OH^-，继续进行该吸附过程；最大吸附容量为 106.7mg/g。但其合成方案中使用了昂贵的铝源——仲丁醇铝和较高的合成温度（100℃），这就增加了吸附剂——介孔氧化铝的成本。较为廉价和高效能的吸附剂是从事这方面研究者的研究方向。

1.3.3.3　锰基吸附剂

由于 MnO_2 的氧化和吸附性能，As(III) 在 MnO_2 表面被氧化为 As(V)，然后被吸附在 MnO_2 表面。Manning 等人[51]用人工合成的 MnO_2 做砷吸附剂发现，As(III) 在 Mn^{4+} 的作用下氧化成 As(V)，同时氧化还原反应也在吸附剂表面创造了新的吸附位点。其扩展 X 射线精细结构表明，As(V)–Mn 的原子间距离是 0.322nm，即 As(V) 被吸附在 MnO_2 表面。梁慧峰等人[52]用新生态 MnO_2 来处理 As(III) 溶液的研究进一步表明，MnO_2 不需要专门的氧化过程或外加氧化剂，就能较好地去除 As(III)。因此，在后续的研究过程中，MnO_2 常作为提高吸附剂除砷性能的改性剂。

1.3.3.4　钛基吸附剂

二氧化钛作为一种光催化剂，具有活性高和稳定性好等优点。Pena 等人[53]通过硫酸钛水解制备了纳米 TiO_2 晶体（比表面积是 $330m^2/g$，孔体积是 $0.42cm^3/g$）。砷吸附试验发现：由于光催化氧化作用，在有光照、溶解氧和 pH 值为 4~13 条件下，TiO_2 可迅速地将 As(III) 氧化成 As(V)；砷吸附在 4h 内达到平衡，砷吸附量大于 0.5mmol/g。Bang 等人[54]用粒状 TiO_2 来去除地下水中砷，pH 值为 7 时，它对 As(III) 和 As(V) 的吸附容量分别为 32.4mg/g 和 41.4mg/g。

1.3.3.5　其他单一金属基吸附剂

由于氧化铜具有较高的零电荷点（9.4±0.4），所以它对砷的吸附行为受 pH 值（研究范围为 6~10）影响较小。Martinson 等人[55]用纳米氧化铜除砷发现其最大吸附容量分别为 As(III)26.9mg/g、As(V)22.6mg/g，大于普通商业氧化铜的吸附容量。氧化锡也被研究者用作砷吸附剂，Manna 等人[56]用无定形水合氧化锡来去除饮用水中的砷，实验发现：吸附 As（Ⅲ）的最优 pH 值为 3.0~8.0，As（Ⅴ）的最优 pH 值小于 3.0；当饮用水 pH 值在 6.5~8.5 时，单分子层理论吸附容量分别为 15.85mg/g 和 4.30mg/g。锆与砷之间的强亲和力使研究者认为锆材料对砷有较好的去除能力，但 Kiril 等人[57]用球状单斜晶系的四角晶形纳米 ZrO_2 除砷发现，其对砷的吸附容量并不大，因此，人们就介孔氢氧化锆[58]和六方相 $Zr(HSO_4)(OH)_{3.5}(C_{19}H_{42}N)_{0.5} \cdot 2H_2O$[59]展开研究，分别由于材料表面的羟基官能团和硫酸氢根与砷的离子形态发生离子交换而吸附砷，其最大吸附容量分别达 160mg/g 和 210mg/g。虽然锆基材料对 As（Ⅴ）的吸附效果更好些，但其适用的 pH 值范围偏酸性。

1.3.3.6 复合金属基吸附剂

Mn 和 Ti 具有较强的氧化性，Ce、Al 和 Fe 等与砷有较强的亲和力，近年来在对单一金属吸附剂不断进行研究的同时，为了让不同材料的优良性能产生协同效应以提高吸附容量，复合金属基吸附剂的研究成为新的热点。现已在含砷水处理中有研究的金属基吸附剂有 Ce-Ti[60]、Ce-Fe[61]、Al-Mn[62]、Fe-Ti[63]、Fe-Mn[64,65]和 Fe-Zr[66,67]等氧化物，以及具有层状结构的 Al-Mg 硝酸型[68]和碳酸型[69]氢氧化物等。总的来看，新物质的引入将会增加其活性吸附位点，Zhang 等人研究表明，在纯铈吸附剂中引入铁后所得的 Ce-Fe 双金属氧化物吸附剂对 As（Ⅴ）的最大吸附容量为 150mg/g，约高于单一的铈或铁氧化物 4~5 倍[61]。

1.3.4 树脂吸附剂

目前，运用在含砷水处理中的树脂主要为改性树脂，它们通过离子交换和络合反应来吸附砷。

Lenoble 等人[70]用负载 MnO_2 的阴离子交换树脂除砷发现，它不仅能将溶液中部分 As（Ⅲ）氧化成 As（Ⅴ），降低溶液的毒害，还能较有效地吸附砷，柱吸附容量 As（Ⅲ）为 53mg/g 和 As（Ⅴ）为 22mg/g。Balaji 等人[71]用负载锆（Ⅳ）的带有赖氨酸-N^α、N^α 乙酰乙酸官能团的螯合树脂来吸附砷。通过络合反应将砷吸附在吸附剂上，最适于处理 pH 值为 7~10.5 的 As（Ⅲ）溶液和 pH 值为 2~5 的 As（Ⅴ）溶液，同时已吸附的砷可用 1mol/L 的 NaOH 来解吸。Shao 等人[72]将 Na 型树脂用盐酸处理让其转变为 H 型树脂后，负载了不同的三价金属（La、Ce、Y、Fe、Al）离子形成新的砷吸附剂。水溶液中含砷阴离子与吸附剂所含配位体的含氧阴离子通过离子交换而吸附，其中 Ce、Y 改性的树脂对 As（Ⅲ）的去除效果较其他金属离子更好，它们主要吸附 $H_2AsO_3^-$，最大吸附容量分别为 34.44mg/g 和 36.26mg/g；Fe 改性的树脂对 As（Ⅴ）的吸附效果最好，主要吸附 $H_2AsO_4^-$，最大吸附容量为 108.6mg/g。

树脂类吸附剂虽然对砷有较好的吸附性能，但其制备过程过于复杂，而且对于水质量的要求高，不适于处理多离子共存的水体。

1.3.5 生物吸附剂

生物吸附剂最显著特点是来源广泛且吸附前后对环境不造成危害，属于环境友好型材料。虽然砷对生物体有很强的毒害作用，但某些生物由于本身特点或经驯化，对其有一定的耐受性，被用作砷吸附剂[65]。砷在生物体内富集，最终氧化、甲基化，从而降低毒性。它们与砷的作用机理较为复杂，现有报道的是离子交换、表面络合和螯合等作用。

迄今为止，应用在砷吸附中的生物吸附剂除活性污泥外，还有茶叶[73]、云杉锯屑[74]、印度藤黄[75]和非洲灌木刺柏[76]等植物提取物和纤维素[77]等。从植物提取物的除砷实验中可知：藤黄（garcinia cambogia）中的生物对吸附条件没有严格要求；非洲灌木刺柏对砷的吸附容量最高，为 50.8mg/g；虽然废弃茶叶对砷的吸附容量低，但其来源更加广泛且成本更低，能很好地实现以废治废的环保和经济目标。纤维素去除重金属的研究主要是利用纤维与重金属离子间的螯合作用，在含砷水处理中，Deng 等人[78]用氨基改性的聚丙烯腈纤维来吸附 As(V)发现，带正电荷的铵离子与带负电的 As(V) 离子通过静电作用而结合，其吸附速率较快，1h 就达到平衡，最大吸附容量为 256.1mg/g。共存离子抑制了对 As(V) 的吸附，其影响能力为 SO_4^{2-}>HPO_4^{2-}>HCO_3^->NO_3^->Cl^->F^-，抑制的具体原理尚不清楚。

此外，由于蛋白质（氨基酸）能与砷结合，亮白曲霉[79]、烟曲霉[80]和污泥中的厌氧生物[81]也被用在含砷水处理中。

1.3.6 工农业废弃物

为了降低生产成本，节约资源，达到以废治废的目的，人们不断对废弃物展开研究，开发新吸附剂。

氧化铝生产过程中产生的废物赤泥[82]，工业废弃物粉煤灰[83]、炉渣[84]和污水处理厂的残渣[85]由于富含铝、铁等与砷有较高亲和力的物质而被用作砷吸附剂，可实现废弃物的资源利用。但它们对砷的吸附容量都较小，为此，Altundogan[86]和 Li 等人[87]分别对赤泥和粉煤灰进行活化和负载铁的改性，改性后材料对砷的吸附去除能力都有所提高。农业废弃物中碾米产生的废弃物[88]、蛋壳[89]和虾壳[90,91]由于富含蛋白质而被用作砷吸附剂，其中碾米废弃物的吸附容量最大，为 As(V)147.05μg/g 和 As(Ⅲ)138.88μg/g，但其具体吸附原理目前还存有争议。生活垃圾橘子皮富含果胶、纤维素和木质素，而这些成分都是前述生物吸附剂中所需的，Ghimire 等人[92]用磷酸对其改性后又负载三价铁，制得的材料对

As（Ⅴ）有良好的吸附性能。

虽然此类吸附剂来源广泛、成本较低，但其吸附容量也相对较低，因此对这些吸附剂的深入研究将会是拓展高效砷吸附剂的又一重点。

类金属砷是毒性最大的元素之一，它可以通过自然作用和人为活动进入水体，危害人体、生物体和整个生态环境的健康发展。故而有效去除水体中的砷备受人们关注。在众多砷去除方法中，吸附法由于简单易行、去除效果好、能回收废水中的砷、对环境不产生或很少产生二次污染而成为研究热点。而氧化铝因为其高砷亲和力被联合国归属为有效砷吸附剂之一，但传统活性氧化铝对砷的吸附容量和吸附速率都较低，所以对铝基材料进行进一步研究就显得尤为重要。

2 含砷废水处理方案与方法

2.1 药品与仪器

在本书的讨论中，材料合成与砷（As(V)）吸附去除实验研究所用的化学试剂与仪器见表2-1和表2-2。

表 2-1 实验药品

名称	分子式	分子量	纯度	含量/%	生产厂商
异丙醇铝	$C_9H_{21}AlO_3$	204.24	化学纯	98.9	国药集团化学试剂有限公司
Pluronic P123	$(EO)_{20}(PO)_{70}(EO)_{20}$	5800	分析纯		Sigma-Aldrich
氢氧化钠	NaOH	40	分析纯	96	天津申泰化学试剂有限公司
盐酸	HCl	36.5	分析纯	37	成都市科龙化工试剂
硝酸	HNO_3	63.01	分析纯	66.5	汕头市西陇化工有限公司
无水乙醇	C_2H_6O	46	分析纯	99.7	天津致远化学试剂有限公司
硫脲	CH_4N_2S	76.12	分析纯	99	天津福晨化学试剂厂
抗坏血酸	NaOH	40	分析纯	96	国药集团化学试剂有限公司
硅酸钠	$Na_2SiO_3 \cdot 9H_2O$	284.22	分析纯	95	成都市科龙化工试剂
磷酸三钠	$Na_3PO_4 \cdot 12H_2O$	380.12	分析纯	98	天津博迪化工有限公司
氟化钠	NaF	41.99	分析纯	98	天津福晨化学试剂厂
硝酸钠	$NaNO_3$	84.99	分析纯	99	天津博迪化工有限公司
硫酸钠	Na_2SO_4	142.04	分析纯	99	天津博迪化工有限公司
硝酸铝	$Al(NO_3)_3 \cdot 9H_2O$	375.13	分析纯	99	汕头西陇化工厂有限公司
偏铝酸钠	$NaAlO_2$	81.97	化学纯	45	天津风船化学试剂科技有限公司
硝酸铈	$Ce(NO_3)_3 \cdot 6H_2O$	434.22	分析纯	99	国药集团化学试剂有限公司
硝酸钇	$Y(NO_3)_3 \cdot 6H_2O$	383.06	分析纯	99.95	国药集团化学试剂有限公司
硝酸铕	$Eu(NO_3)_3 \cdot 6H_2O$	151.96	分析纯	99	国药集团化学试剂有限公司
硝酸镨	$Pr(NO_3)_3 \cdot 6H_2O$	435.01	分析纯	99.95	国药集团化学试剂有限公司
硝酸钐	$Sm(NO_3)_3 \cdot 6H_2O$	150.36	分析纯	99.95	国药集团化学试剂有限公司
硝酸铁	$Fe(NO_3)_3 \cdot 9H_2O$	404.00	分析纯	99.5	天津博迪化工有限公司

名称	分子式	分子量	纯度	含量/%	生产厂商
氯化铁	$FeCl_3 \cdot 6H_2O$	270.29	分析纯	99	天津申泰化学试剂有限公司
硫酸铁	$Fe_2(SO_4)_3$	399.88	化学纯	79.7	天津申泰化学试剂有限公司
硫酸钴	$CoSO_4 \cdot 7H_2O$	281.10	分析纯	99.5	天津博迪化工有限公司
硫酸镍	$NiSO_4 \cdot 6H_2O$	261.85	分析纯	98.5	天津博迪化工有限公司
硫酸锌	$ZnSO_4 \cdot 7H_2O$	287.56	分析纯	99.5	天津风船化学试剂科技有限公司
硫酸铜	$CuSO_4 \cdot 9H_2O$	249.68	分析纯	99	天津申泰化学试剂有限公司

表2-2 实验仪器设备

实验仪器名称	型 号	生产厂商
多功能程序升温控制仪	CKW-1100	北京市朝阳自动化仪表厂
马弗炉	2.5-10	上海双彪仪器设备有限公司
恒温干燥箱	101-2	富利达实验仪器厂
多头磁力搅拌器	HJ-4	江苏金坛区荣华仪器制造有限公司
酸度计	PHS-3C	上海盛磁仪器有限公司
循环水式真空泵	SHZ-D(Ⅲ)	巩义市予华仪器设备有限公司
电子天平	FA2004	上海舜宇恒平科学仪器有限公司
水浴控温装置	无	自制
离心机	800型	江苏金坛区荣华仪器制造有限公司
原子荧光光谱仪	AFS2201型	北京海光仪器公司
ICP-AES	PS1000	Leeman
锥形瓶	各种大小型号的	不详
容量瓶	50mL~1L	不详
玛瑙研钵	8cm	不详

2.2 选用方案

2.2.1 砷去除及测定

2.2.1.1 吸附法

吸附是在两相体系中的一种界面现象。在反应体系中，吸附剂表面的分子或原子因受力不均衡而具有表面能，当吸附质分子或离子碰撞吸附剂表面时，受到这些不均衡力的作用而吸附在吸附剂表面，并使得吸附质在吸附剂表面的浓度升高，这种现象就被称为吸附。根据吸附质与吸附剂间作用力的不同，吸附作用方式有物理吸附、化学吸附和离子交换吸附。

物理吸附是由吸附质与吸附剂间的分子间作用力产生的反应，也称为范德华吸附。有范德华力存在于任何的两个分子之间，所以物理吸附发生在任何的两个吸附质与吸附剂之间，即这种吸附反应没有选择性。由于它们之间是范德华力，所以两相间结合的作用力较弱，吸附热较小，吸附和解析速率也都较快。此外，被吸附物质也较容易解析出来，即物理吸附在一定程度上是可逆的，吸附可以是单分子层或多分子层吸附。

化学吸附是通过吸附质与吸附剂间发生电子转移、交换或共有等形成化学键而发生的吸附，即吸附质碰撞到吸附剂表面时，吸附剂分子与吸附质表面是通过发生电子的交换、转移或共有而发生化学反应，形成牢固化学键的吸附作用，所以这种吸附反应具有选择性。由于化学键的稳定性，化学吸附热较大，且反应为不可逆的吸附。此外，化学吸附是一种单分子层的吸附反应。所以，与物理吸附相比较而言，化学吸附具有的特点为：（1）吸附质与吸附剂间的相互作用力为化学键，更加稳定；（2）吸附具有选择性；（3）吸附质在吸附剂表面一般以单分子层形式吸附；（4）吸附反应一般为不可逆反应；（5）吸附热较大。

离子交换吸附是指吸附质的离子由于静电引力聚集到吸附剂表面的带电点上，并置换出吸附剂原来处于这个位点上的离子。影响离子交换吸附的重要因素是离子电荷数和水合半径的大小。离子所带的电荷数越多，吸附能力越强。

在实际的吸附过程中，通常是物理吸附、化学吸附和离子交换吸附这几种吸附类型相伴发生的。也就是说，大多数吸附反应是由几种吸附机制共同作用的结果，只是因为吸附剂类型和吸附条件等因素的不同而使得某一种吸附机制占主要地位而已。如同一吸附反应体系，有可能在低温环境下主要以物理吸附为主，而在高温水环境下是以化学吸附为主。

2.2.1.2 吸附法除砷方法

吸附法去除水体中污染物的基础研究方法有静态批次吸附实验和动态柱实验。本书中选用静态批次实验方法来进行吸附剂吸附性能的考察。即将铝系吸附剂与砷溶液添加到 50mL 锥形瓶中，通过磁力搅拌器搅拌实现吸附剂与砷溶液的完全混合和吸附反应。搅拌至预定时间时，从磁力搅拌器上取出样品通过离心机进行固液分离，对离心所得的上清液进行砷含量测定。离心机转速为 3000r/min，离心时间为 20min。

砷含量的测定是用原子荧光光谱仪来测定的（检测线为 $10\sim120$ng/mL）。测定前需对样品进行预处理：向样品中按体积比（添加液与样品溶液）10%添加盐酸（优级纯），同时按照 10%的体积比添加硫脲和抗坏血酸的混合液（混合液的配制为 500mL 的容量瓶中添加 25g 抗坏血酸和 25g 硫脲，并定容）。

吸附过程中溶液中铝、铁含量用 ICP 来测。

2.2.2 铝基无机材料合成方案选择

近年来，随着介孔材料的飞速发展，由于其大比表面积和可调控的孔径，介孔材料在非线性光学、光电器件、催化、传感材料、生物医药和化工分离等领域卓有成效。而自 1992 年 Mobil 公司首次用模板剂合成有序介孔硅材料之后，1996 年 Vaudry 等人[93]首次成功合成出介孔氧化铝。现介孔氧化铝合成中常用的模板剂有阳离子表面活性剂、阴离子表面活性剂、非离子表面活性剂、硬模板、离子液体和有机小分子等。其他铝系无机材料合成中常用的方法有原位合成和浸渍法。本书选用非离子表面活性剂 Pluronic P123 为模板来合成介孔纯氧化铝，等体积浸渍法来合成其他几种铝基无机材料。

下面就介孔纯氧化铝的合成和铝系无机改性材料合成方法及其优缺点进行简单介绍。

2.2.2.1 介孔纯氧化铝合成

A 阳离子表面活性剂

介孔材料合成中应用最多的阳离子表面活性剂是长链烷基季铵盐，如长链烷基吡啶、长链烷基三甲基氯/溴化铵等。带正电的季铵盐与铝无机物发生相互静电作用——S^+I^-（S 为表面活性剂、I 为无机铝前躯体）或 $S^+M^-I^+$（M 为中间物，如 Br^-、Cl^-）形成介孔氧化铝的前驱物。目前合成介孔氧化铝常见的阳离子表面活性剂有以下 3 种，具体见表 2-3。

表 2-3 不同阳离子表面活性剂合成介孔氧化铝

模板剂	分子式	铝源	溶剂	焙烧		S_{BET} /$m^2 \cdot g^{-1}$	孔容 /$cm^3 \cdot g^{-1}$	BJH 孔径 /nm
				温度/℃	时间/h			
不同链长烷基	$C_nH_{2n+4}NBr$ （n=13、15、17、19）	硝酸铝和偏铝酸钠	水	600	6[94]	190~345	0.28~0.53	2.0~3.5
三甲基溴化铵	$C_nH_{2n+2}N(CH_3)_3Br$ （n=10、12、14、16、18）	异丙醇铝	异丙醇	600	5[95]	520~690	0.47~0.58	2.0~5.7
十六烷基三甲基氯化铵	$C_{16}H_{33}(CH_3)_3NCl$	异丙醇铝	异丙醇	550	5[96]	390	0.96	8.2

从表 2-3 可知，阳离子表面活性剂的去除需要较高温度和较长时间，这可能是由于阳离子表面活性剂与无机铝之间的作用力太强而导致模板剂不易脱除，同

时这也制约了阳离子表面活性剂在介孔氧化铝合成中的运用，目前来看，关于阳离子表面活性剂合成介孔氧化铝的报道较少。

B　阴离子表面活性剂

应用在介孔氧化铝合成中的阴离子表面活性剂按亲水基的不同可分为：长链烷基硫酸盐／磷酸盐、羧酸及其盐类等，它们合成介孔材料的机理为表面活性剂与无机铝间通过 S^-I^+ 或 $S^-M^+I^-$ 静电作用力来组合。迄今为止，人们对阴离子表面活性剂的研究较多，具体见表2-4。

表2-4　不同阴离子表面活性剂合成介孔氧化铝

模板剂	铝源	溶剂	焙烧		S_{BET} /$m^2 \cdot g^{-1}$	孔容 /$cm^3 \cdot g^{-1}$	BJH孔径 /nm
			温度/℃	时间/h			
月桂酸谷氨酸钠	铝酸钠	水	600	3[97]	268	0.45	3.7
己酸	仲丁醇铝	正丙醇	430	2[95]	530	0.312	2.1
月桂酸	仲丁醇铝	正丙醇	430	1.5[95]	710	0.411	1.9
硬脂酸	仲丁醇铝	异丁醇	420	3[98]	420	0.6	3.52
十二烷基硫酸钠	九水合硝酸铝	水	600	3~10[99]	93~365	未提及	未提及
硬脂酸镁	仲丁醇铝	异丁醇	550	3[100]	311	0.31	3.56

从表2-4可知，阴离子表面活性剂与带正电荷的铝间的强静电作用力使得模板剂脱除较为困难，特别是十二烷基硫酸钠，低温焙烧或物理化学方法都不能去除其中的硫酸官能团。通过原子吸收、电量分析、气体分析仪等测定发现，只有在更高的焙烧温度下才能打破并且去除这种强作用力，但这种打破会使介孔结构坍塌[101,102]。

C　非离子表面活性剂

非离子表面活性剂作为模板剂合成介孔分子筛主要是通过模板剂与中性铝物种间的氢键作用力来合成。目前所使用的非离子表面活性剂有二嵌段聚合物（如 Triton 系列和 Tergitol 系列）和三嵌段聚合物（Pluronic 系列），具体见表2-5。

表2-5　不同非离子表面活性剂合成介孔氧化铝

模板剂	分子式	铝源	溶剂	焙烧		S_{BET} /$m^2 \cdot g^{-1}$	孔容 /$cm^3 \cdot g^{-1}$	BJH孔径 /nm
				温度/℃	时间/h			
Triton X-114	$C_8Ph[PEO]_8$	改性仲丁醇铝	仲丁醇	550	4[103]	530	0.39	3.0
Tergitol 15-S-9	$C_{11\sim15}[PEO]_9$	改性仲丁醇铝	仲丁醇	550	4[105]	305	0.14	—

模板剂	分子式	铝源	溶剂	焙烧 温度/℃	焙烧 时间/h	S_{BET} /m²·g⁻¹	孔容 /cm³·g⁻¹	BJH 孔径 /nm
Tergitol 15-S-15	$C_{11\sim15}[PEO]_{15}$	改性仲丁醇铝	仲丁醇	550	4[105]	310	0.14	—
F127	$EO_{106}PO_{70}EO_{106}$	异丙醇铝	异丙醇	550	—[104]	485	1.24	7.2
P123	$EO_{20}PO_{69}EO_{20}$	仲丁醇铝	乙醇	400	4[105]	410	0.8	6.7
P64L	$EO_{13}PO_{30}EO_{13}$	仲丁醇铝	水、丁醇	500	4[106]	470	1.1	8.7
PEG1540	C_2H_4O	硝酸铝	水	550	2[107]	202.2	0.33	6.5
Span 80	$C_{24}H_{44}O_6$	仲丁醇铝	环己烷	500	6[108]	360	0.3	3.0
Span 85	$C_{60}H_{108}O_8$	仲丁醇铝	环己烷	500	6[110]	315	0.32	4.2
Brij 56	$C_{16}H_{33}(OCH_2CH_2)_{10}OH$	仲丁醇铝	硫酸水溶液	500	1[109]	435	0.98	7.2

注："—"代表未提及。

非离子表面活性剂与阳、阴离子表面活性剂相比较更有优势：其合成条件较为温和；与铝源的作用力较弱（氢键），通过溶剂萃取或焙烧较容易去除；所得介孔氧化铝的孔径尺寸可通过改变嵌段共聚物单个氧化组分的长度来调整，是一种备受科学工作者青睐的模板剂。但其合成介质多为有机溶剂，这也增加了合成成本。

D 硬模板

硬模板剂与其他模板剂相比具有稳定的拓扑结构，能有效地支撑产物母体结晶而引起的局部应变，且其参与的合成反应不受反应条件的细小变化所干扰，同时用此模板剂所得介孔氧化铝能保持原模板的高度有序性[110,111]。此类模板剂制备介孔氧化铝的过程一般为：（1）将铝源填充在模板剂介孔孔道中；（2）脱除模板剂。所以所得介孔氧化铝的表面结构性质受铝源在模板剂中填充程度、模板剂类型（或模板剂去除难易度）和铝源种类的强烈影响。介孔氧化铝合成中，现已有报道的硬模板合成有介孔硅 SBA-15[112]、碳气凝胶[113]、介孔碳分子筛[114,115]。研究发现，硬模板法所得氧化铝的介孔有序性较高，但其耗时较长，且需要多次填充。

E 离子液体

离子液体作为一种新型绿色环保溶剂，虽然本身有极性，但因为它有很低的表面张力，可形成较小的胶束，并能与其他无机物很好的融合，被研究者作为介孔材料合成的模板剂。目前，以离子液体合成介孔分子筛的研究较多，它们在合成中有模板剂和助溶剂双重功能[116,117]。2006 年 Zilkova 等人[118]首次将它运用在氧化铝分子筛的合成中：他们用 1-甲基-3-辛基氯化咪唑翁（C_8mimCl）离子液体为模板剂、聚合氯化铝为铝源，通过 $S^+X^-I^+$（X^- 为 Cl^-）机理合成了介孔结构的氧化铝；当 Al/C$_8$mimCl 摩尔比在 3.3～5.8 时，氧化铝介孔 BET 表面积在 260m^2/g 左右、孔径分布较窄（约集中在 3.8～3.9nm 内）。之后，Park[119] 和 Li[120] 两研究组分别用十六烷基-3-甲基咪唑氯化物（C$_{16}$mimCl）和 1-十六烷基-2，3-二甲基咪唑氯化物为模板剂，铝源仲丁醇铝在有机溶剂中水解形成拟勃姆石颗粒，通过化学键和氢键作用与模板剂中的含氧官能团结合形成了氧化铝框架。这两种离子液体所得介孔氧化铝的热稳定性较高：当焙烧温度从 550℃ 升到 800℃ 时，BET 表面积由于孔烧结分别从原来的 471.26m^2/g 和 415.5m^2/g 开始降低，但其降低幅度较小，分别为 27.8% 和 22.98%。

F　有机小分子

有机小分子早期是用在介孔硅系分子筛合成中，由于价格低廉，毒性较低，逐渐被用来合成别的介孔材料。近年来，二苯甲酰-L-酒石酸（DBTA）、酒石酸、苹果酸、柠檬酸、葡萄糖和四甘醇等有机小分子成功运用在介孔氧化铝合成中，具体见表 2-6。其中，四甘醇为模板所得介孔氧化铝的表面积大于其他有机小分子，且其热稳定性也更好，焙烧温度从 600℃ 增加至 700℃ 时，表面积从 528m^2/g 降低到 414m^2/g。

表 2-6　有机小分子合成介孔氧化铝

模板剂	反应条件	铝源	溶剂	焙烧		S$_{BET}$ /m$^2 \cdot$ g^{-1}	孔容 /cm$^3 \cdot$ g^{-1}	BJH 孔径 /nm
				温度/℃	时间/h			
葡萄糖	pH 值为 5[121]	异丙醇铝	水	600	6	422	0.43	3.8
四甘醇	—[122]	异丙醇铝	乙醇、异丙醇	600	10	527.6	0.63	4.0
酒石酸	酸性[123]	勃姆石	水	500	4	290.5	0.42	34.5
苹果酸	酸性[125]	勃姆石	水	500	4	314.1	0.45	4.4
柠檬酸	酸性[125]	勃姆石	水	500	4	320.6	0.43	4.0
DBTA	酸性[124]	仲丁醇铝	水、乙醇	400	5	452.6	0.56	3.8

2.2.2.2　铝基无机杂原子材料的合成

A　原位合成法

原位合成法：在载体材料合成时，将需引入的活性组分直接加入反应物中，并在材料后期处理保留活性组分。

Kosuge 等人[125] 用此法合成了介孔硅铝复合物，其中，硅原子可高度分散在 Al-O 框架中并与氧化铝表面的羟基结合，从而避免氧化铝在高温焙烧时由于脱羟基而造成的表面积降低；同时，添加适量的硅能稳定 γ-Al$_2$O$_3$ 的晶相，提高 Al$_2$O$_3$ 的热稳定性。Kim 等人[126] 用一步法合成出的 Ni-Al$_2$O$_3$ 催化剂，由于 Ni 的有效扩散，其对邻二氯苯加氢脱氯催化反应的催化性能增强。Sun 等人[127,128] 利用碱金属离子可与模板剂相作用并进入氧化物的晶体结构来合成碱金属-氧化铝,实验发现,碱金属 Na^+ 对介孔 $\gamma\text{-}Al_2O_3$ 的合成能起到促进晶相转变的作用,使氧化铝在较低温度下完成从无定形结构向 γ 晶相的转变;同时碱金属离子的加入还可以增强氧化铝的抗烧结作用,Li^+、Na^+、K^+ 的引入显著增大了介孔氧化铝的比表面积。

B 浸渍法

浸渍法:在已有载体的基础上,将活性前驱体分散到载体表面上。通常是将载体加入可溶解且易热分解的盐溶液中进行浸渍,然后经蒸干过程来使溶质分散在载体上,最后再通过焙烧或还原等手段来脱除目标成分以外的其他成分。浸渍法主要包括过量溶液浸渍法、等体积溶液浸渍法、多次浸渍法和蒸汽浸渍法等。常用的有过量浸渍法和等体积浸渍法。

(1) 过量浸渍法:是将选定的载体完全浸泡在过量的活性组分前驱体溶液中,然后搅拌此混合物,当活性组分在载体上的负载达到吸附平衡后,再过滤并干燥。此法虽然活性组分的分散比较均匀,但不能控制活性组分到载体上的量,活性组分的负载量需要重新测定,且产率低、投资大。

(2) 等体积浸渍法:是将一定量含有活性组分前驱体溶液与待负载的载体浸润,然后直接干燥。此法的优点是操作简单、成本低、重复性好,缺点是活性组分的负载量受前驱体在溶液中的溶解度限制,所以要实现高活性成分的负载可通过多次浸渍法来克服溶解度的问题。目前用此法合成的铝基复合物有:$Mo\text{-}Al_2O_3^{[129,130]}$,被用在催化脱硫实验中,由实验可知,负载量和介孔氧化铝的形态对催化效果的影响较大,但催化性能都大于传统氧化铝;$MoCo\text{-}MSU\text{-}Al_2O_3^{[131]}$,在二苯并噻吩的加氢脱硫实验中,反应物二苯并噻吩的转化率为 69%~77%;$Fe\text{-}Al_2O_3^{[132]}$,被研究者用作 CO 催化还原 SO_2 的催化剂,其催化活性大于原位合成法所得 Fe-Al 复合氧化物的性能;$Pd\text{-}Al_2O_3^{[136]}$ 在甲烷催化燃烧试验中,转化率为 10% 时的温度为 298℃;$V\text{-}Mo\text{-}Al_2O_3^{[133]}$ 催化剂在乙醇的脱氢氧化中,由于合成中 Mo 与 V 间的相互作用,使催化剂表现出很好的催化活性,并大于单一的 $V\text{-}Al_2O_3$ 和 $Mo\text{-}Al_2O_3$。

2.2.3 材料合成方案的确定

通过前面所述,本技术研究中选用易降解的非离子表面活性剂 Pluronic P123 为模板剂,价格便宜的醇铝盐为铝源来合成介孔氧化铝,经过低温焙烧途径去除表面活性剂来形成介孔孔道。对于已经合成的介孔氧化铝,选用浸渍法对其进行修饰和官能团的调控。修饰时,由于稀土元素和过渡金属铁对砷有强的亲和性,用稀土元素和铁对介孔氧化铝进行调控,得到复合铝基杂原子介孔吸附剂。

2.2.3.1　介孔氧化铝的合成方案

A　溶胶-凝胶法

实验流程如图 2-1 所示。

溶液 A：将一定量的异丙醇铝（AIP）溶解在蒸馏水中并在 80℃下搅拌，1.5~2h 后再向其中加入少量硝酸，继续搅拌 2h。溶液 B：非离子表面活性剂 Pluronic P123 溶解在含有一定量盐酸的蒸馏水中，在 40℃下搅拌 4h 左右至模板剂 P123 完全溶解。当两溶液都单独搅拌完成后，混合溶液 A 与溶液 B，并于 40℃搅拌 12h。混合物的摩尔配比为：1 AIP∶0.01 P123∶173 H_2O∶2.4 HCl∶0.76 HNO_3。12h 后用氢氧化钠逐渐调节混合物 pH 值至 7.0 左右，并在室温环境下静置 2 天进行陈化。陈化结束后过滤所得混合物，并用水与乙醇的热混合物进行洗涤，洗涤所得固体样品在 100℃干燥 24h 后放置于马弗炉中，以 1℃/min 的升温速率分别程序升温至 400℃、600℃和 800℃，并各自焙烧 5h，以此得到白色介孔氧化铝样品。

为进行对比，就铝源对吸附剂结构和吸附性能的影响进行考察，在与前述相同的合成条件和步骤下，以 $Al(NO_3)_3 \cdot 9H_2O$ 为铝源，干燥所得的固体，然后在 400℃焙烧 5h（见图 2-1）。

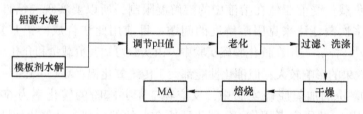

图 2-1　氧化铝的合成流程

B　双水解法

双水解法是利用阴阳离子间的强水解能力，促使沉淀或气体等破坏水解平衡的一种特殊复分解反应。Al^{3+} 和 AlO_2^- 都是易水解离子，且它们的水解溶液分别呈现酸性和碱性，具体见式（2-1）和式（2-2），混合两溶液能促进水解反应，并有利于氢氧化铝沉淀的生成。其详细的合成过程将在下面介绍。

溶液 A：一定量的 Pluronic P123 和 $Al(NO_3)_3 \cdot 9H_2O$ 在室温搅拌条件下溶解在蒸馏水中。溶液 B：一定量的 $NaAlO_2$ 室温搅拌下溶解在蒸馏水中。待两溶液完全溶解后，将溶液 B 滴加到 A 溶液中，室温下搅拌 12h 后，在 80℃的热空气中进行热处理，24h 后过滤、水洗。所得白色固体在 100℃干燥一夜后，放入马弗炉中以 1℃/min 的升温速率程序升温至 400℃焙烧 5h。

$$Al^{3+} + H_2O \longrightarrow Al(OH)_3 \downarrow + H^+ \qquad (2-1)$$

$$AlO_2^- + H_2O \longrightarrow HAlO_2 \downarrow + OH^- \qquad (2\text{-}2)$$

C 普通商业活性氧化铝

从市场上购买活性氧化铝。

D 参照吸附剂

由前述而知，应用在含砷水处理中的吸附剂种类很多，本小节选用从市场购得的活性炭和沸石进行研究。

在吸附实验前，先对活性炭和沸石进行预处理以脱除表面杂质。预处理手段为先用蒸馏水清洗活性炭和沸石，然后再于100℃下烘干，所得干燥样品再在400℃的空气流中焙烧3h，之后研磨和过100目筛。

2.2.3.2 介孔氧化铝的修饰方案

A 稀土改性氧化铝的制备

通过等体积浸渍法，用稀土金属对前期合成的介孔氧化铝进行修饰改性。先选用10%质量比的稀土金属 Ce、Y、Eu、Pr 和 Sm 来改性介孔氧化铝；然后针对与砷有强吸附性能的介孔稀土-铝复合物，用等体积浸渍法研究5%、10%、15%和20%不同质量比对材料结构和砷吸附性能的影响。

B 过渡金属改性氧化铝的制备

通过等体积浸渍法，用过渡金属对前期合成的介孔氧化铝进行修饰改性。先选用10%质量比的过渡金属 Ni、Cu、Zn、Fe 和 Co 来修饰介孔氧化铝；然后针对与砷有强吸附性能的介孔过渡金属-铝复合物，用等体积浸渍法研究金属不同盐（如硝酸盐、氯化盐和硫酸盐）对材料结构和砷吸附性能的影响；最后，再用等体积浸渍法负载不同的金属量于介孔氧化铝上，就负载量对材料结构和砷吸附性能的影响进行研究考察。

2.3 材料表征方法

材料表征可以对吸附剂的结构特性进行探究，为吸附剂的吸附机理研究提供指导。本书中所采用的表征手段有：N_2 吸脱附等温线、比表面及孔结构测定，X 射线衍射，扫描电镜，透射电镜，热重和差热分析和傅里叶红外光谱。

2.3.1 N_2 吸脱附等温线

N_2 吸脱附等温线的表征是用 Micromeritics-ASAP-2000 吸附仪，在-196℃ 的液氮环境下进行测定的。样品在分析前于250℃的高真空条件下脱气预处理2h。关于比表面积是采用 Brunauer-Emmett-Teller（BET）方法来进行计算，而 BET 公式——多分子层吸附等温式认为固体表面是均匀的，第一层被吸附的分子间没有相互作用，但第一层被吸附的分子还可以靠范德华力再吸附第二层、第三层分子，形成多分子层吸附，且各层之间存在着吸附和脱附的动态平衡。BET 方法计算表面积的公式见式（2-3）。

$$S_{BET} = (V_m/22.414)N_\alpha A_m \qquad (2-3)$$

式中，V_m 是液氮分子的单分子层体积（根据测得的吸附体积、相对压力等计算出）；22.414 为气体的摩尔体积；N_α 为阿伏伽德罗常量；A_m 为一个吸附质分子所覆盖的面积，氮气分子一般为 0.162nm^2。

BET 法测定材料比表面积的关键是通过实验测得一系列的平衡压力 P 和平衡吸附量 V，一般选用 0.05~0.35 相对分压范围内的数据；然后将 $\dfrac{P}{V(p_0-p)}$ 对 $\dfrac{P}{P_0}$ 作图，得到的这条直线截距为 $\dfrac{1}{cV_m}$（c 是与吸附焓有关的常数），斜率为 $\dfrac{c-1}{cV_m}$，通过斜率截距就可得到单层饱和吸附量 V_m，V_m 的计算公式见式（2-4）。

$$V_m = \frac{1}{斜率 + 截距} \qquad (2-4)$$

关于孔径分布及相关计算，本研究采用目前历史最长、普遍被接受的经典孔径计算模型——Barrett-Joyner-Halenda(BJH)。

2.3.2 X 射线衍射

X 射线衍射是通过粉末 X 射线衍射法（XRD）在日本理学 D/Max-1200 型仪器进行测定。它是表征吸附剂晶体结构的基本手段。其工作原理为：X 射线入射到晶体中，原子中的电子和原子核受入射电磁波的作用而发生振动；原子核的振动因其质量很大而忽略不计；振动的电子成为次生 X 射线的波源，由于晶体结构具有周期性，这些电子的散射波在一些方向上相互叠加构成可观测到的衍射线，但这些散射波在另外一些方向上相互抵消而没有衍射线；测定的这些可观察到的衍射波的方向和强度可用来测定晶体中原子的空间排列方式，也就是晶体结构。

本书测定样品 XRD 的光源采用 Cu 靶 K_α 射线辐射，$\lambda = 1.5406$Å，管电压为 40kV，管电流为 30mA。小角 XRD 的测定条件：发散狭缝（DS）为 0.17°，防散射狭缝（SS）为 0.17°，接受狭缝（RS）为 0.15mm，扫描速度为 0.5°/min，扫描范围为 0.5°~8°。大角 XRD 表征条件：DS=SS=1°，RS=0.3mm，扫描速度为 10°/min，扫描范围为 10°~90°。

测定所得衍射图谱可以通过与 XRD 衍射图谱库中的图谱进行比对的方式来鉴定所测样品的晶相。

2.3.3 扫描电子显微镜

扫描电子显微镜（SEM）是通过将电子线照射于试样来得到样品表面形貌特征。即从电子枪阴极发出的电子束在阴阳极之间加速电压的作用下射向镜筒，经过聚光镜及物镜的会聚作用，缩小成直径约几纳米的电子探针。在物镜上部扫描线圈的作用下，电子探针在样品表面做光栅状扫描并且激发出多种电子信号。这些电子信号被相应的检测器检测，经过放大、转换、变成电压信号最后被送到显像管的栅极上并且调制显像管的亮度。显像管中的电子束在荧光屏上也做光栅状扫描，而且这种扫描运动与样品表面电子束的扫描运动同步，这样即获得衬度与所接收信号强度相对应的扫描电子像。

在测定时，试样的导电性能直接影响对图像的观察和拍照记录。所以，当在测定一些导电性能不好的试样时，一般需要对样品进行预处理来增强其导电性。目前，常用的预处理方法是金属镀膜法，也就是采用特殊装置将金、铂和钯等电阻率小的金属覆盖在试样表面。有真空镀膜法和离子溅射镀膜法。

在此技术研究中，扫描电镜采用 Philips-XL30-EDAX 型仪器来测定样品的形貌，所有样品测定都在 10kV 下进行。测定前先将样品通过超声分散后滴加在铜台上，然后通过磁控溅射镀金来增强样品的导电性。

2.3.4 透射电子显微镜

透射电子显微镜（TEM）是通过材料内部对电子的散射和干涉作用成像，一般给出薄片样品所有深度，同时聚焦的投影像可以清晰给出试样的孔洞结构。

在此技术研究中选用高分辨透射电镜（日本电子株式会社生产的带有 EDS 能量谱仪的 JEM-2010）在 200kV 下测定。取适量样品超声震荡，用带有支持膜的铜网在样品悬浮液中捞取样品备用。

2.3.5 热分析

热分析（TG/DTA）技术是通过研究试样在加热或冷却过程中产生物理和化学变化来检测试样性质的技术。目前有热重分析、差热分析和差示扫描量热法。本研究选用热重分析方法来进行试样分析。即通过将样品放置于有一定加热和称量功能的体系中，通过测定试样在加热过程中样品质量随温度变化而发生变化的情况。

本研究中的热分析是在 TG-60H 型热重分析仪上进行。测定条件为空气气氛，升温速率为 10℃/min，升温范围为 30~900℃。

2.3.6 傅里叶红外光谱

傅里叶红外光谱（FT-IR）作为"分子的指纹"广泛用于分子结构和物质化学组成的检测。可根据分子对红外光吸收后得到的谱带频率的位置、强度和形状等来确定分子的空间构型，也可利用特征吸收谱带的频率推断待测样中含有某一基团或键。其测定原理是：当吸附剂官能团吸收红外辐射后，在振动能级之间发生跃迁；由于分子中原子的振动能级是量子化的，而且对于特定官能团它具有特征的振动能级，从而可用于吸附剂官能团结构的鉴定。

本书中用 FT-IR 主要是来测定吸附剂表面官能团在吸附砷物种后的变化。本书所有样品的 FT-IR 都是用瑞士 Bruker Vector22 型光谱仪来进行测定的，分辨率为 2cm^{-1}，对于白色样品，用 KBr 将其与样品按照 100:1 的比例压片，深色样品是在 KBr 与待测样品按照 300:1 的比例来进行压片，然后在 4000~400cm^{-1} 的波数范围内扫描待测样。

由于每一官能团有其特定的出峰位置，所以所得样品的 FT-IR 需要在 FT-IR 谱库中进行比对。

2.4 材料吸附性能评价方法

2.4.1 吸附平衡和吸附容量

吸附过程中，在吸附剂与吸附质两相充分接触后，吸附质被吸附在吸附剂表面的同时也有部分已被吸附的吸附质会脱离吸附剂表面，返回吸附质所在的体相中，这种已吸附吸附质从吸附剂表面脱离的过程称为脱附过程。当吸附速度和脱附速度相等时，吸附质在溶液中的浓度和在吸附剂表面的浓度都不再发生改变的状态称为吸附平衡，这一平衡状态是一种动态平衡过程。吸附平衡时，吸附质在溶液中的浓度称为平衡浓度，这时的吸附量称为平衡吸附量。

吸附剂对砷吸附性能的评价是通过去除率和吸附容量这两个指标进行评价，它们的计算公式分别见式（2-5）和式（2-6）。

砷去除率的计算公式如下：

$$\eta = \frac{C_0 - C_t}{C_0} \times 100\%$$

$$(2-5)$$

式中　η——砷的去除率，%；

　　C_0——初始浓度，mg/L；

　　C_t——任意时刻 t 时的浓度，mg/L。

砷吸附容量的计算公式如下：

$$q = \frac{(C_0 - C_t) \times V}{m}$$

$$(2-6)$$

式中　q——砷的吸附容量，mg/g；

C_0，C_t——初始和任意时刻 t 时的浓度，mg/L；

　　V——吸附液体积，L；

　　m——吸附剂质量，g。

吸附剂的吸附容量通常是评价、实际应用选择吸附剂和设计相关设备的重要参数。吸附容量越大，吸附剂的使用寿命就越长，再生费用和再生药剂需要量就越小。

2.4.2 砷吸附过程影响因素

在吸附质去除研究中，除了针对实际废水的性质选择合适的吸附剂之外，仍需要将整个吸附系统调整在最佳的工艺操作之下，这就关联到吸附反应过程中的影响因素方面。影响砷化物吸附反应过程的因素主要有以下几个方面。

（1）吸附剂性质：吸附反应是一种表面反应，吸附剂表面所暴露出来的吸附位点越多，吸附容量也就越大。所以一般认为，比表面积越大，暴露出来的吸附位点越多。故而，不同的吸附剂种类、制备方法、比表面积和孔隙结构，会使得吸附效果也有差异。此外，吸附剂的表面化学结构和表面电荷性质会使得吸附剂表面与吸附质的亲和性不同，从而对吸附过程产生较大影响。吸附剂与吸附质的亲和性越强，则吸附能力越大。

（2）吸附液初始 pH 值：吸附液即废水 pH 值会影响吸附质在水中的离解度，如 H_3AsO_4 在 pH 值为 2.14 以下时是砷的主要存在形式；随着 pH 值逐渐增加，砷慢慢离解成 $H_2AsO_4^-$、$HAsO_4^{2-}$ 和 AsO_4^{3-}。此外，水体 pH 值也会影响吸附剂表面所带电荷和其他化学特性。所以很多吸附剂在酸性条件下对砷的去除效果要优于碱性条件下。

（3）温度：反应过程有吸热和放热两种。提高温度对于以物理吸附为主的吸附过程是不利的。但对于化学吸附反应，由于其在低温下不易达到吸附平衡，所以提高吸附温度对以化学吸附为主的吸附过程是有利的，可加快反应速度，提高吸附容量。但是当化学吸附达到平衡时，吸附量也会随着温度的升高而下降。

（4）共存组分：水体的组分通常不是单一的。尤其对于受污染废水而言，其受污染的组分一般不是单一的，而各种共存物的存在会对某种污染物的吸附造成影响。

2.4.3 吸附实验方法

吸附行为考察是通过静态批次实验，考察水质介质对吸附剂砷吸附性能的影响，如 pH 值、初始砷浓度、吸附剂添加量、接触时间、温度和共存离子等。

静态批次实验为：将加入吸附剂和含砷溶液的锥形瓶放置于磁力搅拌器中进行搅拌，当搅拌到预定间隔时间时，取混合液放入离心机在 3000r/min 的速度下进行固液分离，离心之后的上清液用来进行砷含量测定。

砷含量的测定选用原子荧光光谱仪进行测定（检测线为 10~120ng/mL）。测定前需对样品进行预处理：向样品中按体积比（添加液与样品溶液）10%添加盐酸（优级纯），同时按照 10%的体积比添加硫脲和抗坏血酸的混合液（混合液的配制为：500mL 的容量瓶中添加 25g 抗坏血酸和 25g 硫脲，并定容）。

吸附过程中溶液中铝、铁含量用 ICP 来测。

2.4.4 吸附等温线

吸附等温式是用来描述平衡吸附容量随着平衡浓度变化而发生变化的变化规律数学表达式，这个数学表达式称为吸附等温式或者等温吸附模型。虽然这些吸附等温式是基于气相吸附环境来提出的，但目前也已成功应用在液相吸附中。

2.4.4.1 朗格缪尔（Langmuir）吸附等温式

Langmuir 吸附等温式是 1916 年由 Langmuir 提出的最基本吸附理论。该等温式是 Langmuir 从动力学观点出发，在单分子层吸附理论的假设条件下推导得来的。它主要是基于以下几点假定基础：（1）固体表面存在大量的吸附活性中心，吸附只发生在这些活性中心点上；（2）吸附活性中心的作用范围只有分子大小，且每个活性中心只能吸附一个分子；（3）当表面吸附活性中心完全被占据时，吸附量达到饱和，此时吸附剂表面为单分子层吸附质所覆盖。由单分子层吸附理论及动力学原理推导出的吸附等温式定义见式（2-7）。

$$q_e = \frac{q_{max} \cdot b \cdot C_e}{1 + b \cdot C_e} \tag{2-7}$$

经公式推导，得出线性形式的公式，见式（2-8）。

$$\frac{C_e}{q_e} = \frac{1}{q_{max} \cdot b} + \frac{C_e}{q_{max}} \tag{2-8}$$

式中，q_e 和 q_{max} 分别为平衡吸附容量和吸附剂表面形成最完整单分子层吸附时的最大吸附容量，mg/g；C_e 为平衡浓度，mg/L；b 为 Langmuir 吸附常数。

Langmuir 吸附等温方程的一个重要特点是定义了可用来表示吸附过程性质的无量纲分离因子 R_L，$R_L = 1/(1+bC_0)$。当 $0 < R_L < 1$，表明有利于吸附；当 $R_L > 1$，表明不利于吸附；当 $R_L = 1$，表明属于可逆吸附；R_L 趋于 0 表示不可逆吸附[134,135]。

本研究中，针对实验所得数据，根据式（2-8）所示，就 C_e/q_e 和 C_e 作直线，根据直线的斜率和截距计算得出理论最大吸附容量和吸附常数。

2.4.4.2 弗兰德里希（Freundlich）吸附等温式

Freundlich 吸附等温式是 1926 年由 Freundlich 提出的平衡浓度与平衡吸附容量之间的半经验方程，他认为吸附具有可逆性，考虑的是非均匀表面的非理想吸附，其定义式和线性方程分别如式（2-9）和式（2-10）所示。

$$q_e = K_f \cdot C_e^{\frac{1}{n}} \tag{2-9}$$

对式（2-9）两边取对数，则得式（2-10）：

$$\ln q_e = \ln K_f + \frac{1}{n}\ln C_e \tag{2-10}$$

式中　q_e——平衡吸附容量，mg/g；

　　　C_e——平衡时的吸附质浓度，mg/L；

　K_f，$1/n$——Freundlich 经验常数。

　　一般认为 $1/n$ 越小，吸附系统的吸附性能越好；当 $1/n$ 在 0.1~0.5 范围内时容易吸附，当 $1/n$ 大于 2 时，则表明吸附难以发生。

　　弗兰德里希吸附等温式在一定浓度范围内与朗格缪尔吸附等温式比较接近，但在较高浓度时不像朗格缪尔吸附等温式一样趋于一个定值；低浓度时也不会还原成一条直线。

2.4.4.3　Dubinin-Radushkevich（D-R）吸附等温式

D-R 吸附等温方程的线性表达式为：

$$\ln q_e = \ln q_m - K_{DR}\varepsilon^2 \tag{2-11}$$

$$\varepsilon = RT\ln(1 + 1/C_e) \tag{2-12}$$

式中，q_e、q_m 和 C_e 同前；ε 为 Polanyi 电势；K_{DR} 为 D-R 方程的常数；R 为理想气体常数，$8.314×10^{-3}$kJ/(mol·K)；T 为绝对温度，K。

2.4.5　吸附动力学

　　除吸附容量这一主要的评价方式之外，吸附速率也是一个重要的参数。吸附速率决定了进行实际处理时废水与吸附剂的接触时间。吸附速率越大，废水与吸附剂的接触时间就越短，实际水处理设备的容积就越小，设备的操作就越简单。

　　吸附质的吸附和迁移过程可大致分为颗粒的外部扩散、颗粒的内部扩散和吸附反应这三个步骤。而这每个步骤的速率都会影响整个吸附过程的速率。其中，（1）颗粒外部扩散阶段，也就是吸附质通过吸附剂表面的"液膜"扩散到吸附剂外表面的过程，又称为膜扩散；（2）颗粒内部扩散阶段，也就是通过膜扩散到达吸附剂表面的吸附质继续向吸附剂孔隙深处扩散的过程，又称为内扩散；（3）吸附反应阶段，也就是通过扩散到达吸附剂外表面和内表面吸附活性中心的吸附质被吸附的过程。为进一步分析吸附质在吸附剂表面的吸附速率，通常用准一级动力学、准二级动力学和内扩散模型对吸附所得实验数据进行分析。

　　Lagergren 一级动力学速率方程表达式为：

$$\lg(q_e - q_t) = \lg q_e - \frac{K_1}{2.303}t \tag{2-13}$$

式中，q_e 和 q_t 分别为平衡吸附容量和 t 时刻的吸附容量，mg/g；K_1 是准一级速率方程的速率常数，min^{-1}；t 为吸附时间，min。

针对实验数据就 $\lg(q_e-q_t)$ 和时间 t 作图，根据所得直线的斜率计算一级动力学方程的速率常数。

准二级动力学方程的表达式为：

$$\frac{t}{q_t} = \frac{1}{K_2 q_e^2} + \frac{1}{q_e}t \qquad (2-14)$$

式中，K_2 为准二级速率常数，g/(mg·min)；其他同式 (2-13)。

针对实验数据就 t/q_t 和时间 t 作图，根据所得直线的斜率和截距计算二级动力学方程的速率常数和平衡吸附容量。

内扩散方程的表达式为：

$$q_t = K_3 t^{1/2} + C \qquad (2-15)$$

式中，K_3 为内扩散速率常数，g/(mg·min)；C 为常数，mg/g；其他同式 (2-13)。

针对实验数据就 q_t 和时间 $t^{1/2}$ 作图。

所得实验数据与动力学方程的拟合程度除了常规的线性回归系数 R^2 与 1 的接近程度，各模型计算所得吸附容量与实际实验所得吸附容量的接近程度也是一个重要的判断标准。

2.4.6 吸附热力学

通过在不同温度下的吸附实验，即温度对吸附剂吸附性能的影响来评价介孔氧化铝吸附剂对砷的吸附热力学。吸附热力学参数有吉布斯自由能 ΔG^0(kJ/mol)，吸附焓变 ΔH^0(kJ/mol) 和熵变 ΔS^0(kJ/mol)。它们的计算公式如下：

$$\Delta G^0 = -RT\ln K_\alpha \qquad (2-16)$$

$$\Delta G^0 = \Delta H^0 - T\Delta S^0 \qquad (2-17)$$

式中，ΔG^0、ΔH^0 和 ΔS^0 如前定义所述；T 为吸附反应的热力学温度，K；R 为理想气体常数，8.314×10⁻³kJ/(mol·K)；K_α 是固-液分配系数，其计算公式见式 (2-18)。

$$K_\alpha = \frac{C_{ads}}{C_e} \qquad (2-18)$$

式中，C_{ads} 和 C_e 分别是吸附质在固相和液相中的浓度，mg/L。

综合式 (2-16) 和式 (2-17)，并对其变形后，可得式 (2-19)：

$$\ln K_\alpha = \frac{\Delta S^0}{R} - \frac{\Delta H^0}{R} \times \frac{1}{T} \qquad (2-19)$$

所以，根据实验所得实际实验数据，就 $\ln K_\alpha$ 和 $1/T$ 作图，再从直线方程所得斜率和截距计算焓变 ΔH^0 值和熵变 ΔS^0 值。

3 纯氧化铝的合成及含砷废水处理

3.1 概述

类金属砷为国际癌症研究所等多家权威机构公认的致癌物质，其危害人体健康和整个生态系统的一个主要介质和途径是水体，而近几年全球水体砷污染事件频发，所以有效去除水体中的砷物种对人类生存环境的改善有重大意义。吸附法是很有效的除砷方法，目前有关于砷吸附剂的研究已经展开了许多工作。其中，氧化铝被联合国环境计划署认定为能有效去除砷污染物的吸附剂之一，但传统氧化铝对 As(Ⅴ) 的吸附容量很小，且有效去除砷的 pH 值范围较窄。随着介孔分子筛的发展，Wang 等人[136]研究表明介孔氧化铝由于形成双电层导致其带电量是传统氧化铝的 45 倍以上，可以将其用在吸附、环境清洁和其他类似领域。

尽管已有研究工作者在介孔氧化铝合成方面做了不少工作，但从第 1 章的讨论中可以发现在该领域还存在着一些问题：

(1) 大部分以前的合成工作都选用有机醇类为合成过程的溶剂，且需要较高的温度（不小于 100℃）来进行水热处理，这些增加了材料的合成成本且不环保。

(2) 以前的合成过程需要复杂的焙烧过程，先在氮气流中焙烧一段时间，之后再在空气流中进行焙烧。

这两个问题极大地限制了介孔氧化铝在一些实际领域的应用。为了解决目前介孔氧化铝合成中的这些问题，选用 Pluronic P123 和异丙醇铝分别为模板剂和铝源，在室温下来完成其晶化过程的实验方案，成功地合成出介孔氧化铝。同时针对吸附剂的除 As(Ⅴ) 性能进行评价，研究了 pH 值、初始浓度、时间、温度和共存离子等水质条件对材料吸附 As(Ⅴ) 性能的影响。

3.2 不同合成方法所得氧化铝的结构性质

3.2.1 氧化铝的 N$_2$ 吸脱附等温线

3.2.1.1 不同合成方案所得氧化铝的 N$_2$ 吸脱附等温线

本书中选用溶胶-凝胶法和双水解法来合成介孔氧化铝。据前人研究可知，铝盐的水解速度会影响所得氧化铝的结构，为进一步验证此观点，在本书的关于溶胶-溶胶法合成氧化铝的研究中分别选用有机醇盐异丙醇铝和无机盐硝酸铝为铝盐来分别合成吸附剂。

图 3-1 为不同合成方案所得氧化铝的 N_2 吸脱附等温线。由图可知,三个样品的 N_2 吸脱附等温线的曲线形状相似,均有两个明显的突跃。第一个突跃发生于相对压力较低的条件下,它的发生是因为液氮先以单分子层形式吸附在样品上,之后又以多分子层吸附。第二个突跃发生于相对压力较大的条件下,此时的吸附量由于毛细管凝聚作用会有一个很明显的增加。根据国际纯粹与应用化学联合会 (IUPAC) 的规定,这两个突跃的发生表明所得材料为介孔材料。这三个样品的比表面积经 BET 计算得出,依次为异丙醇铝 ($312m^2/g$)>双水解 ($252m^2/g$)>硝酸铝 ($173m^2/g$)。但这三个样品发生第二次突跃的相对压力有所不同,相对压力大小依次为溶胶凝胶法-异丙醇铝<溶胶凝胶法-硝酸铝<双水解法,即表明这三个样品的所含有的介孔数量和平均孔径大小不同,这个介孔性质也可从其

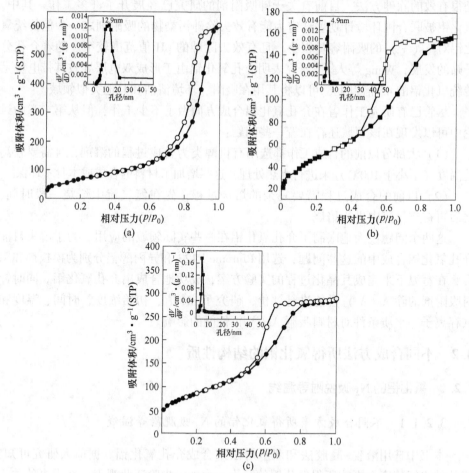

图 3-1 不同合成方案所得氧化铝的 N_2 吸脱附等温线和孔径分布图 (内插图)

(a) 双水解法;(b) 溶胶凝胶法-硝酸铝;(c) 溶胶凝胶法-异丙醇铝

BJH 孔径分布图中得到印证。

综上可以看出，对于同一种合成方案中的两个样品所得的孔道结构形状相似——滞后环均为 H₁ 型，但由于不同铝源的使用导致所得样品的 BET 比表面积和 BJH 孔径表现出不一样的值。综上，可认为无机硝酸铝过快的水解速度会使得铝快速沉淀，从而不利于铝物种与模板剂之间氢键作用的发生，进而不利于介孔孔道的形成；同时，偏铝酸根的存在会加速铝离子的水解，进而加速铝的沉淀，同样也是不利于介孔孔道的，而这使得它们的表面积均低于有机醇铝——异丙醇铝为铝源所得氧化铝样品的表面积。

3.2.1.2 不同焙烧温度所得氧化铝的 N₂ 吸脱附等温线

不同焙烧温度所得氧化铝的 N₂ 吸脱附等温线如图 3-2 所示。

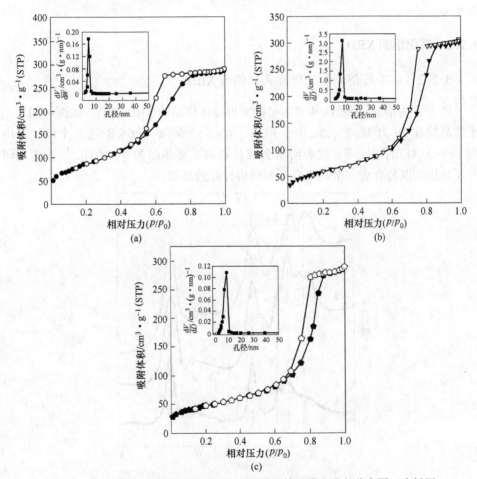

图 3-2 不同焙烧温度所得氧化铝的 N₂ 吸脱附等温线和孔径分布图（内插图）

(a) 400℃；(b) 600℃；(c) 800℃

就有机醇铝异丙醇铝为铝源，选用溶胶-凝胶法合成氧化铝的方案来研究焙烧温度对介孔氧化铝结构的影响。在实际研究中选用400℃、600℃和800℃三个温度进行考察，即将过滤、干燥后的固体样品置于马弗炉中通过程序升温分别至400℃、600℃和800℃，并各自煅烧5h。图3-2呈现了不同焙烧温度所得氧化铝的N_2吸脱附等温线。很明显，这三个氧化铝样品的N_2吸脱附等温线曲线形状相似，N_2吸附量均出现两个突跃，符合IUPAC中规定的Ⅳ型等温线，即三个样品都是介孔材料。再者，三个样品的滞后环都表现为H_1型滞后环，且滞后环发生的相对压力随着焙烧温度的升高而向高压力方向移动，这表明所得氧化铝样品的孔径随着焙烧温度的升高而升高，这也从BJH孔径分布图上可以看出。经计算，样品的BET比表面积在400℃、600℃和800℃下分别为312m^2/g、209m^2/g和169m^2/g，BJH孔径在400℃、600℃和800℃下分别为5.8nm、6.7nm和7.9nm。

3.2.2 氧化铝的XRD

3.2.2.1 不同合成方案所得氧化铝的XRD

图3-3为溶胶-凝胶法和双水解法所得最终样品的XRD图谱。由图可知，三个样品均在2θ为32.2°、36.9°、39.3°、45.8°、60.6°和66.8°这6个位置处出现了γ-Al_2O_3的特征峰，这表明所合成材料的主要晶型为γ-Al_2O_3[137]，即本研究所选用的两种合成方案均不会影响所得样品的晶相。

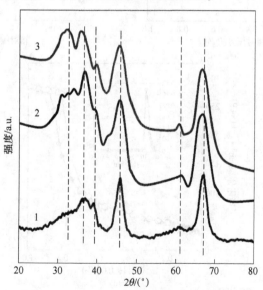

图3-3　不同合成方案所得氧化铝的XRD

1—溶胶凝胶法-异丙醇铝；2—溶胶凝胶法-硝酸铝；3—双水解法

3.2.2.2 不同焙烧温度所得氧化铝的 XRD

从前面研究发现，焙烧温度不会影响材料的孔道结构，为进一步研究焙烧温度对材料的影响，对所得样品进行了大角 XRD 图谱测定。

图 3-4 为 400℃、600℃和 800℃焙烧后所得材料的大角 XRD 图谱。很明显，400℃和 600℃焙烧所得氧化铝的出峰位置完全相同，均在 32.2°、36.9°、39.3°、45.8°、60.6°和 66.8° 6 个位置出现了 $\gamma-Al_2O_3$ 的特征峰（JCPDS 卡片号为 10-425）。而当焙烧温度升高至 800℃时，氧化铝转变为 $\delta-Al_2O_3$[138,139]。总的来看，当焙烧温度从 400℃升高至 600℃时，氧化铝晶相不发生改变，都为 $\gamma-Al_2O_3$；当焙烧温度继续从 600℃升高到 800℃时，氧化铝晶相发生改变，从 $\gamma-Al_2O_3$ 转变为 $\delta-Al_2O_3$。

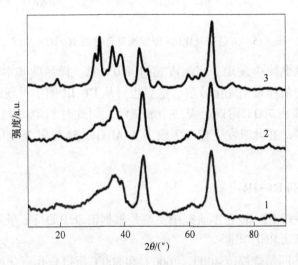

图 3-4 焙烧温度所得氧化铝样品的大角 XRD
1—400℃；2—600℃；3—800℃

3.2.3 氧化铝的热分析

将未焙烧前的有机-无机复合物置于热分析仪进行分析。本讨论溶胶-凝胶方案中铝与表面活性剂 P123 的有机无机复合物的热重-差热分析结果如图 3-5 所示。

从图 3-5 可以发现，样品的总失重率为 40%。从曲线来看，整个复合物的失重可以分成三个温度区域：（Ⅰ）20~100℃；（Ⅱ）100~260℃；（Ⅲ）260~400℃。其中，（Ⅰ）对应的是体相水的去除；（Ⅱ）对应的是物理吸附水的去除和表面活性剂的分解；（Ⅲ）对应的是表面活性剂的分解和氧化物结构水的脱

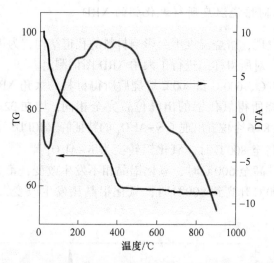

图 3-5　未焙烧氧化铝-模板剂复合物的 TG/DTA 曲线

除。此外还可从曲线中发现，当温度超过 400℃ 时，样品就基本没有失重发生，即表明复合物中的模板剂完全分解，这点也可从 FT-IR 图中得到证明。同时亦可发现，DTA 曲线在 700℃ 附近出现一个放热峰，而此时的 TG 曲线却没有失重发生，这是由于样品在此时发生相变生成了 $\delta\text{-}Al_2O_3$，这与图 3-4 中所显示的大角 XRD 结果相吻合。

3.2.4　氧化铝的 FT-IR

　　材料表征手段 FT-IR 在本研究中主要是根据谱带中的特征吸附峰来确定样品中所含有某一基团和化学键。

　　图 3-6 是不同焙烧温度 400℃、600℃ 和 800℃ 所得介孔氧化铝的 FT-IR。从图可知，三个氧化铝在 3436cm^{-1} 和 1631cm^{-1} 波数处均有峰，它们分别是样品中的物理吸附水和羟基官能团的伸缩振动峰[140,141]，且这两个峰的强度随着焙烧温度的升高而降低，由此可说明焙烧温度的升高会降低样品中所含羟基官能团的数量。此外，三个样品均在 570cm^{-1} 波数处出现了吸收峰，经谱库对比发现这个吸收峰为 AlO_6 八面体中 Al—O 键的伸缩振动峰[142~144]。再者，除 800℃ 焙烧所得介孔氧化铝之外，400℃ 和 600℃ 焙烧而得的介孔氧化铝均在 1440cm^{-1} 波数处出现了羟基振动峰[145,146]，且 600℃ 焙烧的介孔氧化铝在此处的吸收峰强度相较于 400℃ 焙烧的介孔氧化铝要弱。这进一步说明，介孔氧化铝所含有羟基官能团的数量会随着焙烧温度的升高而降低。而根据不同焙烧温度所得氧化铝的 N_2 吸脱附等温线结果，即部分孔道随着焙烧温度的升高而坍塌，进一步导致暴露在外面的羟基官能团数量减少。

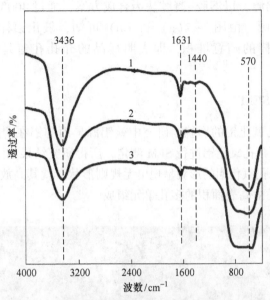

图 3-6 不同焙烧温度所得介孔氧化铝的 FT-IR

1—400℃；2—600℃；3—800℃

3.2.5 氧化铝的 TEM

本研究中主要选用透射电镜 TEM 来检测介孔氧化铝的孔洞结构。图 3-7 为

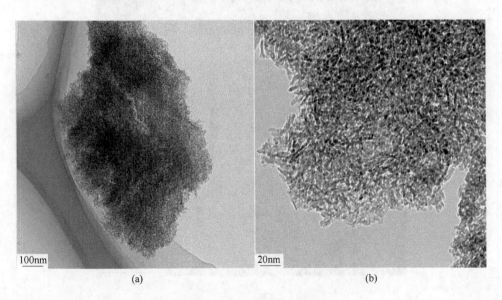

(a)   (b)

图 3-7 介孔氧化铝的 TEM 图

(a) 低放大倍数图；(b) 高放大倍数图

选用异丙醇铝为铝源，以溶胶-凝胶法为合成方案，通过 400℃焙烧所得介孔氧化铝样品的 TEM 图。由图 3-7(a) 和（b）可知，氧化铝样品结构呈现"蜂窝"状，是纳米棒的随意堆积，即表明样品的介孔孔道是粒子堆积而成的空穴。

3.2.6　氧化铝的 SEM

为了测定介孔氧化铝的形貌，研究中就铝源异丙醇铝在溶胶-凝胶方案中通过 400℃焙烧所得介孔氧化铝进行 SEM 测定，所得研究结果如图 3-8 所示。从图可以看出，所得介孔氧化铝的形貌呈现出无规则形状。就其高放大倍数图 3-8(b)来看，这些颗粒是由高表面积的多孔单元组成。

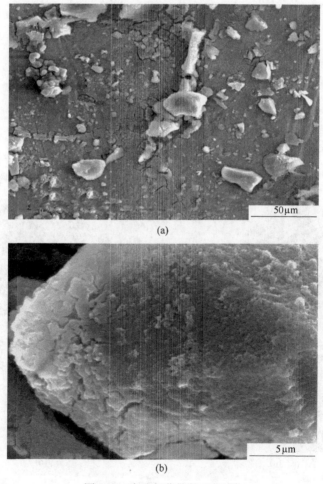

图 3-8　介孔氧化铝的 SEM 图

(a) 放大 1000 倍；(b) 放大 10000 倍

3.3 氧化铝对砷的吸附行为考察

3.3.1 合成方案对砷吸附的影响

就前述用不同方案所合成的介孔氧化铝进行砷去除研究，所得研究结果如图3-9所示。研究实验条件为：初始砷浓度为44.703mg/L，溶液pH值为6.6±0.1，吸附剂用量为2g/L，温度为室温，吸附接触时间在0.25~12h范围内。从图3-9可以看出，溶胶-凝胶法所得材料对砷的去除效果优于双水解法的，它们对砷的去除率依次为溶胶凝胶法-异丙醇铝（约94.7%）>溶胶凝胶法-硝酸铝（约70%）>双水解法（约53%），且这三个样品吸附所需达到的平衡时间依次为溶胶凝胶法-异丙醇铝（约3h）<溶胶凝胶法-硝酸铝（约6h）<双水解法（大于12h）。总的来看，异丙醇铝所得介孔氧化铝对砷的吸附速率最快，吸附能力最强。

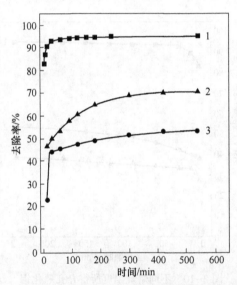

图3-9 不同合成方案所得介孔氧化铝对砷吸附性能的影响

1—溶胶凝胶法-异丙醇铝；2—溶胶凝胶法-硝酸铝；3—双水解法

结合前面的 N_2 吸脱附等温线和 XRD 表征结果，三个样品的结构性质相同之处是均为有介孔孔道的 $\gamma\text{-}Al_2O_3$，不同之处是它们的比表面积大小不同（溶胶凝胶法-异丙醇铝>双水解法>溶胶凝胶法-硝酸铝）、所含有的介孔数量不同和孔容不同。所以可以得出，三个介孔氧化铝样品的比表面积大小不是导致它们砷吸附性能差异的主要因素。

3.3.2 焙烧温度对砷吸附的影响

介孔氧化铝焙烧温度的改变会直接影响氧化铝的晶相、比表面积和孔道结构。研究焙烧温度对介孔氧化铝吸附砷性能研究中，研究实验条件为：初始砷浓度为44.703mg/L，溶液pH值为6.6±0.1，吸附剂用量为2g/L，温度为室温，吸附接触时间在0.25~12h范围内。研究结果如图3-10所示，可以看出，同样水质和吸附操作条件下都有不同程度的砷被去除，它们对As(Ⅴ)的去除能力依次为400℃焙烧所得介孔氧化铝（砷的最高去除率为94.7%）≫600℃焙烧所得介孔氧化铝（砷的最高去除率为54%）大于800℃焙烧所得介孔氧化铝（砷的最高去除率为39%）。此外，三个介孔氧化铝吸附去除砷所用的平衡时间与去除率大小呈相反趋势，即达到平衡所需时间次序为400℃焙烧所得介孔氧化铝（吸附平衡所需时间为3h）小于600℃焙烧所得介孔氧化铝（吸附平衡所需时间为4h）小于800℃焙烧所得介孔氧化铝（研究范围12h内没有达到平衡）。所以，可以认为400℃焙烧所得介孔氧化铝对砷的吸附位点明显多于600℃和800℃焙烧所得介孔氧化铝的。

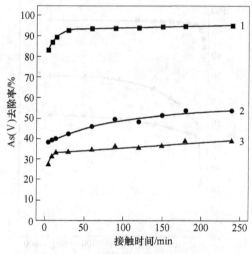

图3-10   不同焙烧温度所得介孔氧化铝
对As(Ⅴ)的去除性能的影响
1—400℃；2—600℃；3—800℃

结合前述中关于焙烧温度对介孔氧化铝样品结构性质的影响可知，400℃、600℃和800℃焙烧所得样品的孔道均为介孔孔道，但其比表面积随着焙烧温度增加而降低，孔径由于部分孔的坍塌而变大，氧化铝样品的晶相也在当焙烧温度从600℃升至800℃时从γ-Al$_2$O$_3$相转变为δ-Al$_2$O$_3$，氧化铝表面的羟基官能团随着焙烧温度的降低而降低。结合本小节的研究结果——砷去除率随焙烧温度的升高而逐渐降低发现，焙烧温度从400℃升高至600℃时砷去除率下降而氧化铝的晶相没有发生变化，所以可认为氧化铝晶相不是影响砷吸附效果的最主要因素，而表面羟基官能团和孔容是影响砷在氧化铝上吸附的最主要因素。

3.3.3 吸附剂性能的比较

前述研究是针对介孔氧化铝合成过程中各主要因素对合成样品结构性质和砷去除性能的影响。通过比较和分析得出，吸附性能最佳的介孔氧化铝是以异丙醇铝为铝源、通过溶胶-凝胶方案在400℃焙烧而得到的。为比较介孔氧化铝与其他吸附剂间的砷吸附性能，选用常规的金属吸附剂商业氧化铝、活性炭、斜发沸石和辉沸石作为砷吸附剂来研究它们从水中去除砷的能力。

各种吸附剂除砷的研究实验条件：初始砷浓度为44.703mg/L，溶液pH值为6.6±0.1，温度为室温，吸附接触时间在0.25～12h范围内，吸附剂活性炭、斜发沸石和辉沸石的剂量为4g/L，吸附剂介孔氧化铝和普通活性氧化铝的剂量为2g/L。图3-11是各种材料对砷的吸附效果图。由图可以看出，虽然吸附剂活性炭、斜发沸石和辉沸石的用量大于两种氧化铝的，但是它们对砷的去除率却远远小于介孔氧化铝和传统活性氧化铝，实验所得三个材料对砷的最大去除率小于10%；且传统活性氧化铝对砷的去除率（约45%）也低于介孔氧化铝的（约94.7%）。综上进一步说明，本研究所得的介孔氧化铝对水中砷污染物展现出优良的去除效果。

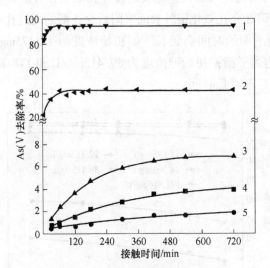

图3-11 各吸附剂对砷的去除能力

1—合成介孔氧化铝；2—传统活性氧化铝；
3—活性炭；4—斜发沸石；5—辉沸石

3.3.4 吸附操作条件对砷吸附行为影响的考察

通过前述研究和分析，以异丙醇铝为铝源、通过溶胶-凝胶方案在400℃焙烧而得到的介孔氧化铝对砷的吸附去除效果优于其他材料。所以，在后面的研究中就选其进行深入研究。而水质条件的不同会直接影响吸附剂对砷的去除效果，所以本研究就不同水质条件——初始砷浓度、接触时间、吸附剂投加量、pH 值和共存阴离子等情况下的砷去除情况进行研究。

3.3.4.1　初始砷浓度和接触时间

水质中污染物的浓度会因为污染源和水体自净能力等因素的不同而不同，所以本研究中就初始浓度和反应接触时间对介孔氧化铝去除砷的行为进行研究。研究实验条件为：初始浓度在 11.175~178.816mg/L，吸附剂用量是 2g/L，水体初始 pH 值为 6.6±0.1，水体温度为室温，吸附接触时间在 0.25~12h 范围内。实验结果如图 3-12 所示。由图可以看出：砷去除率随着初始浓度的增加而降低；当初始浓度低于 22.325mg/L 时，介孔氧化铝对砷的去除率接近 100%；当砷初始浓度从 22.352mg/L 增加至 44.703mg/L，去除率从 99.9%降低至 94.7%。此外，随着接触时间的增加，砷去除率升高，且吸附平衡时间随着初始浓度的升高而增加。究其原因主要是介孔氧化铝对砷有较大的吸附量，当砷污染物的浓度较低时，近乎 100%的污染物砷可以快速地吸附在介孔氧化铝外表面；而当砷污染物浓度较高时，污染物砷在介孔氧化铝外表面吸附后会逐渐的通过孔道扩散向内表面吸附，所以吸附达到平衡的时间会延长。如初始浓度为 11.175mg/L 和 22.352mg/L 时，2h 内吸附就达到平衡；初始砷浓度为 89.415mg/L 和 178.816mg/L 时，吸附平衡时间为 11h，甚至更长时间。

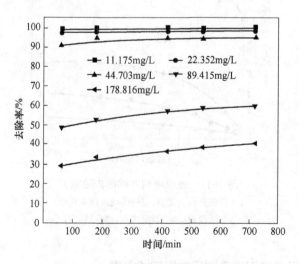

图 3-12　不同初始砷浓度和时间下
介孔氧化铝对砷的去除

3.3.4.2 吸附剂投加量

吸附剂的投加量直接决定着与砷物种发生吸附反应的吸附位点数量的多少，即直接影响砷物种的去除率。本小节研究实验条件为：初始浓度在 44.703mg/L，水体初始 pH 值为 6.6±0.1，水体温度为室温，吸附接触时间在 0.25~12h 范围内，吸附剂用量是 1g/L、2g/L 和 4g/L。实验结果如图 3-13 所示。由图可以看出，介孔氧化铝样品对砷的去除率随着吸附剂投加量的增加明显升高。当介孔氧化铝投加量为 2g/L 和 4g/L 时，砷的去除率在整个研究的时间范围内分别为 82%~94.7% 和 93.6%~99.1%。

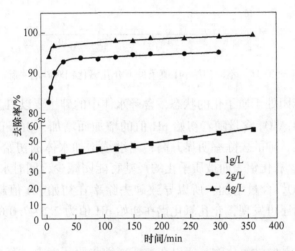

图 3-13　不同吸附剂投加量条件下介孔氧化铝对砷的去除

3.3.4.3 水体 pH 值

水体 pH 值是影响吸附剂吸附性能的关键因素之一。据前人研究发现，当选用氧化铝为吸附剂除砷时，水体 pH 值对其性能的影响更加明显，其主要因为：（1）砷在不同 pH 值水体中以不同的形态存在；（2）氧化铝为两性氧化物，在酸或碱性环境中氧化铝会发生部分溶解现象，所以本小节就水体不同 pH 值对本书所合成介孔氧化铝除砷性能的影响展开研究。研究实验条件为：初始浓度在 44.703mg/L，水体初始 pH 值为 2~10，水体温度为室温，吸附接触时间在 24h，吸附剂用量是 2g/L。实验结果如图 3-14 所示。

由图 3-14 可以看出：在初始 pH 值小于 4.5 时，砷去除率随着初始 pH 值的增加而升高；当初始 pH 值大于 4.5 时，砷去除率随着初始 pH 值的增加而降低。这主要是因为氧化铝的等电点为 8.3，当初始 pH 值小于 8.3 时，介孔氧化铝表面的羟基官能团被质子化而带正电荷。而在 pH 值小于 4.5 时，介孔氧化铝表面

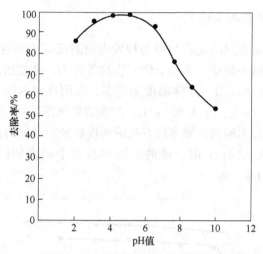

图 3-14　不同初始 pH 值条件下介孔氧化铝对砷的去除

的大量羟基官能团处于质子化的状态，含砷水体中的砷主要以 H_3AsO_4 和 $H_2AsO_4^-$ 形式存在，且 $H_2AsO_4^-$ 含量随着初始 pH 值的增加而增加，由于正负电荷的相互吸引作用的存在，砷的去除率明显升高；当继续增加水体的初始 pH 值，水体中的 H^+ 含量减少，氧化铝表面被质子化的羟基官能团减少，同时水体中的 $H_2AsO_4^-$ 含量减少、$HAsO_4^{2-}$ 含量增加，所以导致砷去除率在初始 pH 值超过 4.5 之后下降。此外，由图还可发现，介孔氧化铝在初始 pH 值为 2.5~7.0 的范围内可有效去除 90% 的砷。

由于氧化铝是两性氧化物，所以在酸或碱性水质环境中会存在溶解问题，为进一步探测介孔氧化铝在不同水质环境中的溶解情况和对水质的影响，本研究就图 3-14 中的实验条件进行了吸附后介孔氧化铝在吸附液中铝含量的测定，测定结果如图 3-15 所示。根据 2001 年我国卫生部的《生活饮用水卫生规范》和最新的建设部《城市供水水质标准》的规定，我国饮用水中铝的浓度不得超过 0.2mg/L。由图 3-15 可以看出，当初始 pH 值在 4~7 范围内时，吸附后液体中铝含量均低于 0.2mg/L 这一饮用水标准。

3.3.4.4　水体温度

水体温度是影响吸附剂吸附效果的另一重要因素。本研究中选用室温 25℃、40℃ 和 60℃ 这三个温度来考察水体温度对介孔氧化铝吸附砷的影响，所得研究结果如图 3-16 所示。由于整个吸附反应体系的温度都随着水体温度的升高而升高，所以体系中的布朗运动随温度升高而加快，进而使得介孔氧化铝对砷的吸附速率也随着温度的升高而变快，吸附达到平衡所需的时间也从室温环境（25℃）下的 3h 缩短至 60℃ 的 1.5h。此外，介孔氧化铝对砷的吸附容量也随着吸附温度

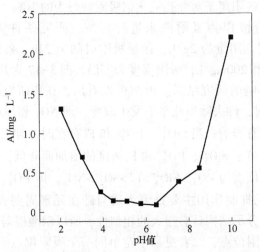

图 3-15 不同 pH 值条件下介孔氧化铝的溶解量

的升高而增加，因此可以认为在所研究的温度范围内，升高温度有利于提高砷在介孔氧化铝上的吸附。

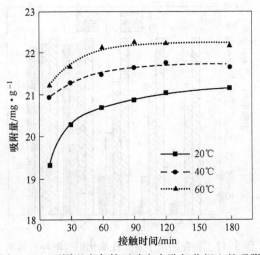

图 3-16 不同温度条件下砷在介孔氧化铝上的吸附

3.3.4.5 水体中的共存阴离子

一般自然水体和受污染水体都不同程度的含有硅酸盐、磷酸盐、氟化物、硝酸盐和硫酸盐等阴离子，并据报道显示，SiO_3^{2-}、PO_4^{3-}、F^-、NO_3^- 和 SO_4^{2-} 对吸附剂的吸附性能有一定的影响[147]。所以，本小节就共存离子对吸附剂吸附 As(Ⅴ) 性能的影响进行研究。

为进一步研究各阴离子对介孔氧化铝吸附砷行为的影响，研究中选用单一的阴离子与砷的混合液作为吸附液来进行考察。研究条件为：砷初始浓度为44.703mg/L，吸附剂用量为2g/L，接触吸附时间为24h，各阴离子浓度分别为10mg/L、50mg/L和200mg/L，吸附温度为室温。图3-17为共存阴离子对介孔氧化铝吸附砷性能影响的研究结果。由图可以看出，在所研究的浓度范围内，当NO_3^-和SO_4^{2-}存在时，砷去除率几乎不发生改变，即NO_3^-和SO_4^{2-}的存在对介孔氧化铝去除砷几乎没有影响；当SiO_3^{2-}、PO_4^{3-}和F^-存在时，砷去除率明显降低，且砷去除率随着共存离子SiO_3^{2-}、PO_4^{3-}和F^-浓度的增加而降低，它们对介孔氧化铝吸附砷的抑制能力依次为$PO_4^{3-} > SiO_3^{2-} > F^- > SO_4^{2-} > NO_3^-$，即$PO_4^{3-}$对砷的抑制作用最大。而$PO_4^{3-}$对砷的抑制作用主要是因为磷与砷在元素周期表中位于同一主族，二者在水溶液中的分子结构具有很大的相似性，所以磷酸根与砷酸根离子在吸附反应中有相同的吸附位点，二者更易于竞争同一个吸附位点。同时，据Yu[50]和Li[148]的研究报告显示，介孔氧化铝对磷和氟的吸附能力大于砷，即在砷与磷或氟共存的环境下，它们会发生竞争吸附位点，导致各自的去除率下降，这与本研究做的结果（见图3-17）相一致。

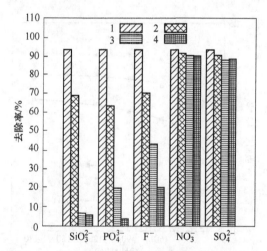

图3-17　共存阴离子对介孔氧化铝吸附砷的影响
阴离子浓度：1—0mg/L；2—10mg/L；3—50mg/L；4—200mg/L

3.3.5　吸附等温线研究

根据第2章中列出的吸附等温式方程，用各等温式的线性形式来对实验数据进行拟合分析。图3-18为介孔氧化铝吸附砷的吸附等温式的线性图，各等温式的相关参数经计算见表3-1。结合图3-18和表3-1可以看出，Langmuir等温线与实验数据拟合的最近，其R^2(0.9999)最为接近1.0，能较好的描述介孔氧化铝对砷的吸附行为，即可认为砷按照单分子层形式吸附在介孔氧化铝表面。其Langmuir 理论最大吸附容量为 36.6mg/g，这一数值明显大于 Lin[149] 报道的活性氧化铝对砷的吸附容量（15.9mg/g）和 Tripathy[49] 报道的铝改性氧化铝对砷的吸附能力。同时，Freundlich 吸附常数为 $n=5.18$，这说明砷在介孔氧化铝吸附剂表面上的吸附较容易发生。

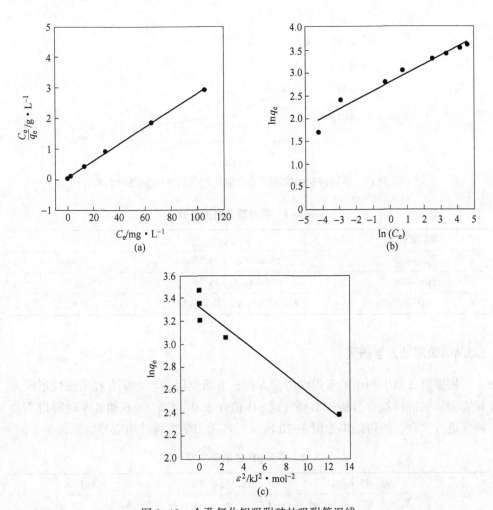

图 3-18　介孔氧化铝吸附砷的吸附等温线

（a）Langmuir 吸附等温线；（b）Freundlich 吸附等温线；（c）D-R 吸附等温线

由于砷在介孔氧化铝上的吸附符合 Langmuir 吸附等温式，本研究就分离因子进行了计算，结果如图 3-19 所示。由图可以看出，在所研究的砷浓度范围内，介孔氧化铝吸附砷的分离因子 R_L 值均在 0~1 的范围内，这表明介孔氧化铝对砷的吸附过程是有利吸附。此外，分离因子 R_L 值随初始浓度的增大而减小，说明提高砷初始浓度更有利于吸附反应的进行。

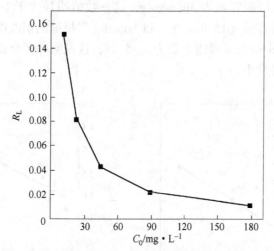

图 3-19 不同砷初始浓度下介孔氧化铝吸附砷的分离因子 R_L

表 3-1 吸附等温线的参数

等温线类型	参 数	R^2
Langmuir	$q_{max} = 36.6mg/g$, $b = 0.50L/mg$	0.9999
Freundlich	$n = 5.18$, $K_f = 16.26$	0.95
D-R	$K_{DR} = 0.07$, $q_m = 27.7mg/g$	0.9251

3.3.6 吸附动力学研究

根据第 2 章中列出的吸附动力学方程，本研究用各动力学方程的线性形式来对实验数据进行拟合分析。本研究就 pH 值在 3.0、4.5、6.6 和 8.5 时所得实验数据进行拟合，所得结果如图 3-20 所示，各动力学方程的相应参数见表 3-2。

表 3-2 不同 pH 值的动力学参数

pH 值	准一级动力学			准二级动力学			内扩散		
	K_1	$q_{e(cal)}$	R^2	K_2	$q_{e(cal)}$	R^2	K_3	C	R^2
3.0	0.0037	4.782	0.9800	0.0026	33.227	0.9995	0.2110	27.5143	0.9776
4.5	0.0099	12.943	0.8757	0.0018	36.766	0.9994	0.3371	27.8833	0.8736
6.6	0.0055	5.677	0.7648	0.0034	28.495	0.9993	0.2351	22.7259	0.7766
8.5	0.0025	5.585	0.9396	0.0016	18.527	0.9926	0.2411	11.5754	0.9644

注：pH 值在 3.0、4.5、6.6 和 8.5 时，介孔氧化铝吸附砷的实验吸附容量 $q_{e(exp)}$ 分别为 32.97mg/g、35.96mg/g、28.53mg/g 和 18.31mg/g。

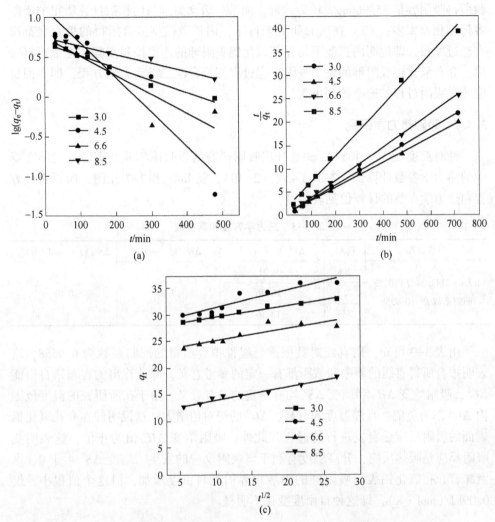

图 3-20 介孔氧化铝在 pH 值为 3.0、4.5、6.6 和 8.5 时吸附砷的动力学线形图
（a）准一级动力学；（b）准二级动力学；（c）内扩散

据研究报道，吸附动力学方程是否有效的判断标准主要有两个方面：（1）模型与数据拟合所得的线性回归系数与 1 的接近程度；（2）模型拟合所得吸附容量与实验所得实际吸附容量的吻合度[150,151]。结合图 3-20 和表 3-2 中的数据可以看出：（1）准二级动力学的线性回归系数 R^2 在各个 pH 值条件下都大于 0.99，而准一级动力学方程和内扩散方程的线性回归系数 R^2 则大多都小于 0.98，即准二级动力学相较于准一级动力学和内扩散动力学模型更接近于 1；（2）准二级动力学所计算得出的理论吸附容量与实验所得真实吸附容量的值更为接近，如在 pH 值为 4.5 的条件下，准二级动力学计算所得吸附容量为 36.766mg/g，这与实

验所得吸附容量 35.96mg/g 较为接近，而准一级动力学与内扩散计算所得的吸附容量则相差太多；（3）在所有研究条件下，内扩散模型拟合所得的拟合线都没有经过原点，即说明内扩散不是介孔氧化铝吸附砷的速率控制步骤。综上可以看出，介孔氧化铝吸附砷的整个吸附反应过程都符合准二级动力学方程，即表面反应才是吸附过程的速率控制步骤。

3.3.7 吸附热力学研究

针对温度 25℃、40℃ 和 60℃ 开展吸附研究所得吸附实验数据，通过第 2 章中的热力学参数计算式（2-16）~式（2-19），就 $\ln K_\alpha$ 和 $1/T$ 作图，所得直线方程和热力学参数的计算值见表 3-3。

表 3-3 热力学方程和其参数

直线方程	$T(K)$	$\Delta G^0/kJ \cdot mol^{-1}$	$\Delta H^0/kJ \cdot mol^{-1}$	$\Delta S^0/kJ \cdot (mol \cdot K)^{-1}$
$\ln K = -2142.24/T + 10.59$ 回归系数 $R^2 = 0.9558$	298	-9.01		
	313	-10.36	17.81	0.09
	333	-12.16		

由表 3-3 可知，用直线对数据进行线性拟合所得的回归系数为 0.9558，这表明拟合所得直线的斜率和截距都有一定的参考意义，即计算出的吉布斯自由能 ΔG^0，吸附焓变 ΔH^0 和熵变 ΔS^0 均有一定的参考意义。由于在所研究的温度范围内 ΔG^0 都为负值，且随温度的升高，ΔG^0 的绝对值增大，这说明砷在介孔氧化铝表面的吸附反应是自发进行的过程。此外，吸附焓变 ΔH^0 值为正值，这表明此吸附反应是吸热反应，升高温度有利于该吸附反应的发生。熵变 ΔS^0 大于 0，这意味着介孔氧化铝表面吸附砷的固液相界面的自由度增加，但这个值很小，仅 0.09kJ/(mol·K)，即这种自由度变化不明显。

3.3.8 解析再生研究

对吸附剂进行解吸研究，可以实现吸附剂的循环使用和对吸附质的回收。

根据前述水质条件中溶液 pH 值对介孔氧化铝吸附砷的影响结果：在整个 pH 值环境下，介孔氧化铝在酸性偏中性环境下对砷的吸附效果较好，所以选用的解析剂不能是酸性试剂。故而，本书选用不同浓度氢氧化钠溶液对吸附饱和的介孔氧化铝进行解析研究，除了测定已吸附砷的解析率，还对氧化铝在各浓度下的溶解情况进行了测定，还就解析后的吸附剂进行了砷的再次吸附，观察其吸附能力。

解析实验中，将吸附饱和的吸附剂与解析溶液按照 1g/L 的投加量来开展研究工作，其中氢氧化钠溶液的浓度分别为 0mol/L、0.001mol/L、0.01mol/L、0.05mol/L 和 0.1mol/L。解析的实验结果经总结列入表 3-4 中。表中解析率是根

据式 (3-1) 计算得出的。由表可以看出，已吸附砷的解析率是随着解析剂氢氧化钠浓度的增加而变大，当氢氧化钠浓度从 0mol/L 增加到 0.1mol/L 时，砷解析率从 37.95% 增加到 91.96%。但同时溶解的氧化铝量也随着氢氧化钠浓度的增加而升高，当氢氧化钠初始浓度在 0.001~0.05mol/L 内时，溶解出来的铝浓度在 1.142~1.415mg/L，但当氢氧化钠初始浓度从 0.05mol/L 增加到 0.1mol/L 时，溶解出来的铝从 1.415mg/L 增加到 2.390mg/L。同时，各氢氧化钠浓度解析和再生后的氧化铝对砷的去除率也随着氢氧化钠浓度的增加而增加，当氢氧化钠浓度从 0.05mol/L 增加到 0.1mol/L 时，解析再生后的氧化铝对砷的去除率从 82.49% 增至 83.65%。总的来看，0.05mol/L 和 0.1mol/L 这两个氢氧化钠浓度的砷解析率和去除率都较为接近，但 0.1mol/L 情况下铝的溶解量远大于 0.05mol/L 的。综合考虑，0.05mol/L 的氢氧化钠溶液是性能最好的解析剂。

$$解析率 = \frac{解析出的吸附质量}{吸附的吸附质量} \times 100\% \tag{3-1}$$

表 3-4 不同浓度 NaOH 的解吸情况

氢氧化钠浓度/mol·L⁻¹	0	0.001	0.01	0.05	0.1
解吸率/%	37.95	49.78	84.63	89.49	91.96
溶解铝/mg·L⁻¹	0.019	1.142	1.389	1.415	2.390
去除率/%	32.04	45.39	77.79	82.49	83.65

为考察介孔氧化铝的循环使用情况，选用 0.05mol/L 的氢氧化钠溶液为解析剂，对吸附饱和的吸附剂进行多次解析再生研究，并对每次解析后的吸附剂再进行砷去除研究，所得实验研究结果如图 3-21 所示。很明显，随解吸次数的增加，

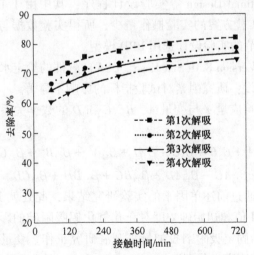

图 3-21 介孔氧化铝去除砷的循环使用性能

砷去除率呈现下降趋势。第 4 次解吸后材料对砷的去除率为原介孔氧化铝的 80%，也就是说用 0.05mol/L 的 NaOH 来解吸已吸附在氧化铝上的砷是可行的。

3.4　吸附工艺参数的优化

前述研究中，介孔氧化铝对砷的吸附行为考察主要是针对单一因素展开的，但在实际水体中，往往是多种水质因素共同作用，且这些因素会直接影响吸附剂的实际工程应用。所以，对各吸附工艺参数的交互影响进行研究就显得尤为重要，且能为以后吸附剂的设计、研发和工程应用提供一定的指导。

响应曲面优化法是数学和统计方法相结合的一种新方法，它可以建立连续变量曲面模型，形成响应曲面，并对影响过程的因子及其交互作用进行评价，可以弥补传统单因素实验研究的不足。它包括实验设计、建模、模型检验和寻求最佳组合条件等实验和统计技术。通过对反应过程的回归拟合和响应曲面的绘制，可方便地求出相应于各因素水平的响应值，并在各因素水平的响应值基础上，寻找出预测的相应最优值以及相应的实验条件。其优点是：在考虑实验随机误差的情况下，将复杂的未知函数关系在小区域内用简单的一次或二次多项式模型来拟合，计算比较简便，是解决实际问题的有效手段；此外，它在实验条件寻找最优值的过程中，不同于正交实验的单个实验点孤立分析，它是对实验中各水平进行连续分析。

3.4.1　响应曲面优化法实验方案的确定

响应曲面优化法实验方案的确定用 Design Expert Version 8.0（Stat Ease，USA）软件进行。软件中有 Central Composite Design、Box-Behnken Design、One Factor Design 和 Optimal Design 等实验设计程序，其中由于 Box-Behnken Design（BBD）具有设计实验方案的实验操作量少，所得实验数据与模型的失拟项小等优点[152~154]，本小节的实验设计选用 BBD 模型。

Design Expert Version 8.0(Stat Ease，USA) 软件的给定水平 α 为 0.05，在该水平下提出统计假设：研究因素对试验指标的影响不显著。

一般情形下，响应量 Y 与变量 A、B、C 和 D 的数学关系可以通过如下的二次多项式来表达：

$$Y = \beta_0 + \beta_1 A + \beta_2 B + \beta_3 C + \beta_4 D + \beta_{11} A^2 + \beta_{22} B^2 + \beta_{33} C^2 + \beta_{44} D^2 + \beta_{12} AB + \beta_{13} AC + \beta_{14} AD + \beta_{23} BC + \beta_{24} BD + \beta_{34} CD \tag{3-2}$$

在本研究中，通过前述单因素的实验研究结果，此处就工艺参数接触时间、温度、溶液初始 pH 值和初始砷浓度对介孔氧化铝吸附砷的影响进行考察，研究工作中选用 1g/L 的固定吸附剂投加量来开展研究工作。变量因素吸附时间、温度、pH 值和初始砷浓度，分别以 X_1、X_2、X_3 和 X_4 表示，并用-1、0、1 分别代表自变量的低、中、高水平。其中，接触时间在 30~1440min 范围内、温度在 15~60℃、水体初始 pH 值在 2~10 范围内，初始砷浓度在 11.18~130mg/L。本研究中确定的研究因素、范围和其水平见表 3-5。

表 3-5　吸附实验的变量、范围和水平

变量	编码	单位	水　平		
			-1	0	1
时间	X_1	min	30	735	1440
温度	X_2	℃	15	37.5	60
pH 值	X_3		2	6	10
初始浓度	X_4	mg/L	11.18	70.59	130

根据表 3-5 中给出的各因素和水平，BBD 设计的实验方案见表 3-6，即后期介孔氧化铝吸附砷的实验按照表 3-6 执行。由表可以看出，总共需要做 29 组实验。

表 3-6　BBD 模型确定的砷吸附实验方案

序号	时间 (X_1)	温度 (X_2)	pH 值 (X_3)	浓度 (X_4)	序号	时间 (X_1)	温度 (X_2)	pH 值 (X_3)	浓度 (X_4)
1	0	0	-1	1	16	0	0	0	0
2	0	0	-1	-1	17	1	0	-1	0
3	0	-1	1	0	18	0	0	0	0
4	1	0	1	0	19	0	1	1	0
5	-1	0	1	0	20	0	0	1	1
6	-1	1	0	0	21	1	1	0	0
7	0	0	0	0	22	1	0	0	1
8	0	1	-1	0	23	0	-1	-1	0
9	0	1	0	1	24	-1	0	0	1
10	-1	-1	0	0	25	0	1	0	-1
11	1	0	0	-1	26	-1	0	0	-1
12	0	0	0	0	27	-1	0	-1	0
13	0	-1	0	-1	28	1	-1	0	0
14	0	-1	0	1	29	0	0	0	0
15	0	0	1	-1					

3.4.2 回归模型

响应曲面法的一个重要功能就是确定各因素作用下反应的回归方程。通过 Design Expert Version 8.0 软件对按照表 3-6 所进行的实验操作中的实验数据进行分析和拟合，在拟合分析中，研究选用了线性模型、2FI 模型、二次方程和三次方程对实验数据进行分析，不同模型的方差分析中的均方和检验结果见表 3-7。很明显，二次方程的 $R^2_{预测}$ 与 $R^2_{校正}$ 较为接近，且都比较接近 1，即二次方程的拟合效果较其他模型要好，所以优先采用二次方程来对实验结果进行分析。

表 3-7 多种模型分析比较

项目	平方和	自由度	均方	F	P	$R^2_{校正}$	$R^2_{预测}$	备注
平均值	13732.01	1	13732.01					
线性模型	2401.07	4	600.27	17.06	<0.0001	0.6964	0.6316	
2FI 模型	100.68	6	16.78	0.41	0.8653	0.6435	0.4178	
二次方程	694.64	4	173.66	49.46	<0.0001	0.9697	0.9128	建议采用
三次方程	37.72	8	4.72	2.48	0.1428	0.9836	0.4929	
剩余偏差	11.43	6	1.90					
总计	16977.55	29	585.43					

本研究以吸附容量为响应量 Y，那么砷在介孔氧化铝表面的吸附容量经多元回归，最终所得的吸附经验模型见式 (3-3)。

$$Y = 28.94 + 1.30X_1 + 0.90X_2 - 6.03X_3 + 12.70X_4 - 0.37X_1X_2 -$$
$$0.11X_1X_3 + 1.07X_1X_4 - 0.65X_2X_3 + 0.12X_2X_4 - 4.84X_3X_4 - \qquad (3-3)$$
$$1.11X_1^2 - 0.91X_2^2 - 6.37X_3^2 - 8.98X_4^2$$

式中，Y 为响应曲面预测的砷吸附容量；X_1、X_2、X_3 和 X_4 分别为研究因素时间、温度、pH 值和初始浓度的编码值，计算公式见式 (3-4)。

$$x_i = \frac{X_i - X_0}{\Delta x} \qquad (3-4)$$

式中，x_i 为变量的编码值；X_i 为变量的真实值；X_0 为变量 X_i 的中间值；Δx 为变量 X_i 的阶跃变化。

为进一步确定实验值与二次多项式方程 (3-3) 所预测的数据相接近，BBD 模型就真实吸附容量值和模型给出的预测吸附容量值给出了分析，结果如图 3-22 所示。由图可以看出，砷吸附容量的实验真实值与多项式预测值非常接近，所有点基本都分布在斜率为 1 的直线周围，同时也表明回归模型较为稳定。为确保所得模型的正确性，对所得的二次多项式模型以及模型系数分别进行显著性检验，其结果分别见表 3-8 和表 3-9。

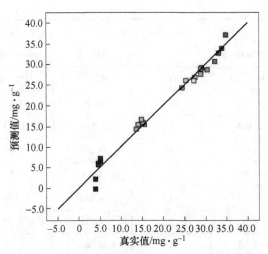

图 3-22 吸附容量的实验真实值与模型预测值

表 3-8 回归模型的方差分析结果

项目	平方和	自由度	均方	F	P
模型	3196.39	14	228.31	65.03	<0.0001
残差	49.15	6	3.51		
失拟项	49.15	10	4.92		
净误差	0.00	4	0.00		
总离差	3245.54	28			

注：$R^2 = 0.9849$。

结合表 3-8 和表 3-9 可知，整体模型的 F 值是 65.03，相应的 P 值小于 0.0001，表明该二次方程模型较为显著；方程的校正系数 $R^2_{校正} = 0.9697$ 与预测相关系数 $R^2_{预测} = 0.9128$ 吻合度较高，表明模型是合理的；该模型的复相关系数为 0.9849，说明仅有不到 1.5% 的总变异不能用此模型进行解释。据 Joglekar 的报道[155]，方程的复相关系数 R^2 大于 0.8 即说明模型拟合度较高，本实验的 $R^2 = 0.9849$ 远大于 0.80，则表明此二次多项式回归模型（见式（3-3））可以很好的用来预测砷在介孔氧化铝表面上的吸附反应。

表 3-9 回归模型系数的方差分析结果

方差来源	平方和	自由度	均方差	F 值	P 值
X_1	20.16	1	20.16	5.74	0.0311
X_2	9.76	1	9.76	2.78	0.1177

方差来源	平方和	自由度	均方差	F 值	P 值
X_3	436.69	1	436.69	124.39	<0.0001
X_4	1934.46	1	1934.46	551.00	<0.0001
X_1X_2	0.56	1	0.56	0.16	0.6950
X_1X_3	0.046	1	0.0046	0.013	0.9103
X_1X_4	4.57	1	4.57	1.30	0.2729
X_2X_3	1.69	1	1.69	0.48	0.4992
X_2X_4	0.056	1	0.056	0.016	0.9014
X_3X_4	93.75	1	93.75	26.70	0.0001
X_{12}	7.96	1	7.96	2.27	0.1543
X_{22}	5.33	1	5.33	1.52	0.2384
X_{32}	262.97	1	262.97	74.90	<0.0001
X_{42}	522.88	1	522.88	148.94	<0.0001

表 3-9 为所得二次多项式回归模型系数显著性检验结果。由表 3-9 可知，二次多项式中各项对砷在介孔氧化铝表面吸附容量的影响情况是：一次项 X_3、X_4 的影响是极显著的（$P<0.0001$），X_1 为显著（$P<0.05$）；二次项 X_3^2、X_4^2 极显著，交互相 X_3X_4 显著（$P<0.05$），其余的二次项和交互相则不显著。以上表明，各个因素与响应值之间不是简单的线性关系，彼此间具有一定的交互作用。

3.4.3 两因素间的交互影响

为了进一步的研究变量间的交互作用，本小节利用 3D 响应曲面图来进行分析。图 3-23 的 6 张图分别显示了不同交叉因素（pH 值与初始砷浓度、接触时间与初始 pH 值、反应温度与初始 pH 值、接触时间与初始砷浓度、温度与初始砷浓度、时间与温度）对介孔氧化铝吸附砷的吸附容量的交互影响趋势。从图 3-23 的（a）~（f）可以看出，在固定的两因素水平条件下，图 3-23(a) 中的 3D 相应曲面图比其他图形更陡峭，即表明初始 pH 值与初始砷浓度两因素对吸附容量的交互影响作用最为显著，而其他图中的两因素交互作用影响不显著，这与表 3-9 中所列出的结果相吻合。此外，从图 3-23 的（a）~（c）还可以看出，pH 值在介孔氧化铝吸附砷中起到重要作用，吸附容量在 pH 值为 2.0~4.6 的范围内随 pH 值的增加先升高后处于动态平衡中；当 pH 值在 4.6~10.0 范围内增加时，吸附容量随 pH 值的升高而明显降低。从图 3-23 的（a）、（d）和（e）来看，随砷初始浓度的升高，介孔氧化铝对砷的吸附容量呈现增加的趋势。

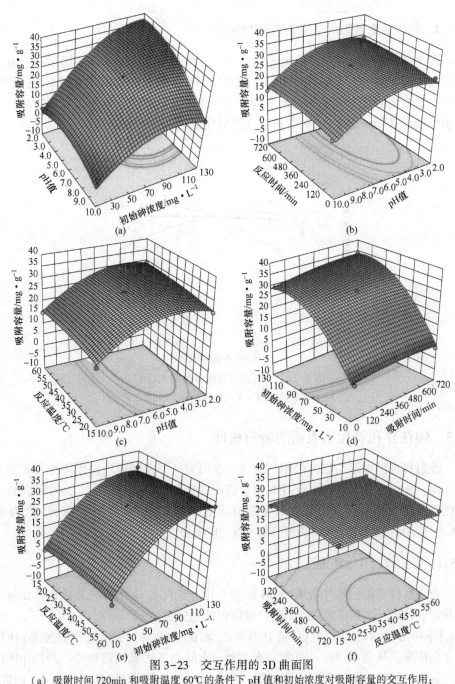

图 3-23　交互作用的 3D 曲面图

（a）吸附时间 720min 和吸附温度 60℃的条件下 pH 值和初始浓度对吸附容量的交互作用；
（b）吸附温度 60℃和初始砷浓度 60mg/L 的条件下接触时间和初始 pH 值对吸附容量的交互作用；
（c）吸附时间 720min 和初始砷浓度 60mg/L 的条件下反应温度和初始 pH 值对吸附容量的交互作用；
（d）pH 值为 3.90 和吸附温度 60℃的条件下接触时间和初始砷浓度对吸附容量的交互作用；
（e）pH 值为 3.90 和吸附时间 720min 的条件下反应温度和初始浓度对吸附容量的交互作用；
（f）pH 值为 3.90 和初始砷浓度 130mg/L 的条件下初始时间和温度对吸附容量的交互作用

3.4.4 四因素对砷吸附容量影响能力的比较

图3-24为接触时间、温度、初始pH值和初始砷浓度这四个因素对介孔氧化铝吸附砷的吸附容量的扰动图。由图可知，在各研究范围内吸附因素时间和温度对吸附容量的影响远小于初始浓度和pH值对吸附容量的影响，其影响顺序为初始浓度>pH值≫温度>时间。这对介孔氧化铝的实际应用起到指导作用。

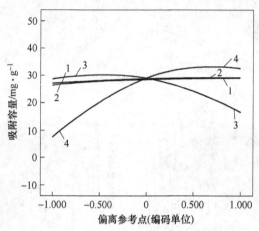

图3-24 四因素对吸附容量的扰动图
1—时间；2—温度；3—pH值；4—初始砷浓度

3.5 砷在介孔氧化铝表面的吸附机理

吸附机理的揭示可以对吸附剂的进一步研究、开发和设计提供理论指导和研究方向，所以本小节就砷在介孔氧化铝表面的吸附机理进行研究。针对砷在介孔氧化铝表面的吸附，本研究选用吸附前后溶液pH值变化以及初始pH值为2、6.6和10.0条件下吸附饱和吸附剂的FT-IR图谱。

3.5.1 吸附过程中pH值变化

为观察砷吸附过程中吸附液pH值的变化，选用1g/L的介孔氧化铝投加量在各预定pH值条件下开展实验研究，吸附温度是室温。

图3-25为吸附液初始pH值分别为2、6.6和10时，吸附过程中溶液pH值的变化情况。从图3-25(a)可知，在初始pH值为2的吸附过程中，溶液pH值随着反应时间的增加而升高，当吸附时间为24h时，吸附液pH值达2.4。由此，可认为此吸附过程中伴随有H^+的消耗或OH^-的释放，这才使得溶液pH值大幅度的升高。据文献报道[156]，氧化铝的等电点为8.3，而等电点不随材料结构的变化而改变，即本研究所得的介孔氧化铝等电点仍然为8.3。所以在pH值为2.0

的溶液中，介孔氧化铝表面羟基官能团会被质子化而带正电荷，这进一步说明 pH 值为 2.0 的吸附液 pH 值升高应该是吸附液中 H$^+$ 消耗而引起的。

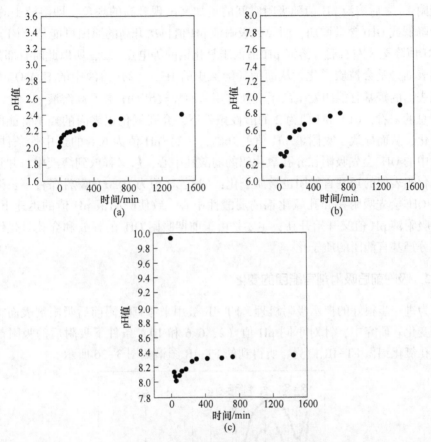

图 3-25 吸附过程中 pH 值的变化曲线
(a) pH 值为 2.0；(b) pH 值为 6.6；(c) pH 值为 10.0

图 3-25(b) 为 pH 值为 6.6 时的吸附液 pH 值变化结果。由图可以发现，吸附液 pH 值在反应初始的 30min 内迅速下降，究其原因主要是氧化铝表面有丰富的弱酸性中心[157]，这些弱酸性中心首先与近中性水体中的 OH$^-$ 发生静电吸引，从而降低溶液 pH 值至 6.0 左右；而此时溶液 pH 值仍然低于氧化铝的等电点，所以在表面弱酸性中心达平衡后氧化铝还是会吸附溶液中的 H$^+$ 来质子化本身的羟基官能团，从而消耗溶液的 OH$^-$ 并导致溶液 pH 值升高；此外，前 30min 吸附在氧化铝吸附剂表面的 OH$^-$ 具有能与溶液中 H$_2$AsO$_4^-$ 发生离子交换反应的能力，所以也可提升溶液的 pH 值。

图 3-25(c) 为吸附液初始 pH 值为 10.0 时介孔氧化铝吸附砷过程中的 pH 值变化。由图可以看出，吸附过程中溶液 pH 值的变化趋势与初始 pH 值为 6.6

时保持一致。即由于氧化铝表面大量弱酸性中心和吸附液中大量 OH⁻的存在，氧化铝首先吸附溶液中的 OH⁻并导致溶液 pH 值在刚开始的 1h 内迅速下降至 8.0。而吸附 1h 之后溶液 pH 值随吸附时间的增加又出现升高的现象，即溶液中的 H⁺含量降低或 OH⁻含量增加，而导致吸附液 pH 值再次升高的原因可能是：（1）溶液 pH 值降至 8 左右后，溶液 pH 值低于氧化铝的等电点 8.3，所以此时有部分氧化铝表面羟基会被质子化，从而消耗溶液中的 H⁺；（2）溶液中的 $H_2AsO_4^-$ 与吸附剂表面的羟基官能团发生离子交换作用从而释放出 OH⁻并升高溶液 pH 值。

总的来看，（1）pH 值为 2 的酸性条件下，介孔氧化铝表面的羟基官能团被质子化，从而导致了吸附液 pH 值的升高；（2）pH 值为 6.6 的近中性条件下，溶液中的 OH⁻会先吸附在介孔氧化铝的弱酸性中心，后又释放到溶液中，并且介孔氧化铝表面的羟基官能团也被质子化；（3）pH 值为 10.0 的碱性条件下，溶液中的 OH⁻会先吸附在介孔氧化铝的弱酸性中心，致使吸附液 pH 值的迅速下降，之后吸附液 pH 值又开始升高，主要是由于前期吸附 OH⁻的释放和介孔氧化铝表面部分羟基官能团的质子化。

3.5.2　吸附前后吸附剂官能团的变化

为进一步很好的揭示吸附机理，FT-IR 被用来考查吸附前后吸附剂表面官能团的变化。研究中，针对不同 pH 值（2、6.6 和 10）条件下吸附后的吸附剂和原介孔氧化铝做 FT-IR 检测。所得到的 FT-IR 图谱如图 3-26 所示。

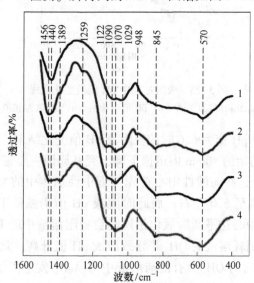

图 3-26　FT-IR 图谱

1—吸附前的介孔氧化铝；2—pH 值为 2.0 时吸附后的介孔氧化铝；
3—pH 值为 6.6 时吸附后的介孔氧化铝；4—pH 值为 10.0 时吸附后的介孔氧化铝

从图 3-26 可以看出，原介孔氧化铝和在不同 pH 值（2、6.6、10）条件下吸附后的介孔氧化铝样品在 570cm⁻¹ 处均有吸收峰，此峰为 AlO_6 六面体中 Al—O 的伸缩振动[158,159]；在三个 pH 值条件下吸附砷后的样品都在 845cm⁻¹ 处出现了 $H_2AsO_4^-$ 中 As—O 键振动的吸收峰[160]，这就说明三个 pH 值环境下砷都被吸附在介孔氧化铝表面；而 pH 值为 2 的样品在 948cm⁻¹ 和 1259cm⁻¹ 处都出现了特殊的吸收峰（pH 值为 6.6 和 10.0 条件下吸附的样品没有），此峰为 H_3AsO_4 中 As—O 键的伸缩振动[161]；此外，纯的介孔氧化铝吸附剂在 1029cm⁻¹ 和 1090cm⁻¹ 处分别出现了属于 Al—O—H 的对称振动峰和反对称振动峰[162~164]，但这两个峰在吸附砷后均向高波数偏移，移动至 1070cm⁻¹ 和 1122cm⁻¹ 处；再者，纯介孔氧化铝吸附剂还在 1440cm⁻¹ 处出现了振动峰，这个振动峰是吸附剂表面 O—H 伸缩振动所引起的[165]，但在吸附砷后此峰的位置逐渐向高波数 1456cm⁻¹ 移动，究其原因可能是 O—H 与 As（V）之间存在有相互作用；此外，pH 值为 6.6 和 10.0 的条件下吸附砷的图谱在 1389cm⁻¹ 处出现了振动峰，为探究此峰的性质，研究中就此样品和 NaOH 解吸的该样品做局部放大图。

图 3-27 为介孔氧化铝在 pH 值为 6.6 条件下，吸附饱和后吸附剂用氢氧化钠解吸前后的 FT-IR 图谱。由图可知，样品在氢氧化钠解吸前于 1389cm⁻¹ 处存在衍射峰，但经氢氧化钠解吸后在 1389cm⁻¹ 处的吸收峰消失，说明此峰代表了某一种砷形态的存在。为进一步探讨 1389cm⁻¹ 处砷的存在形态，本研究列出了砷在各

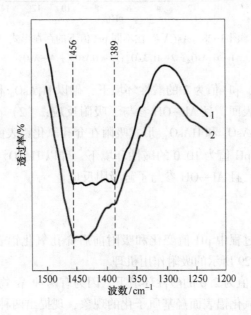

图 3-27 NaOH 解吸前后的 FT-IR 图谱

1—解吸前；2—解吸后

pH 值条件下的存在形态，如图 3-28 所示。由图可以看出：当 pH 值在小于 2.2 范围内时，砷以 H_3AsO_4 和 $H_2AsO_4^-$ 形式存在于水体中，且 H_3AsO_4 的含量占主导地位；当 pH 值在 2.2~6.7 范围内时，砷以 H_3AsO_4、$H_2AsO_4^-$ 和 $HAsO_4^{2-}$ 形式存在于水体中，且 $H_2AsO_4^-$ 含量占主导地位；当 pH 值在 6.7~11.8 范围内时，砷以 $H_2AsO_4^-$、$HAsO_4^{2-}$ 和 AsO_4^{3-} 形式存在于水体中，且 $HAsO_4^{2-}$ 含量占主导地位。所以，综合图 3-26 和图 3-27 中 pH 值为 6.6 条件下出现的振动峰，以及砷在 pH 值为 6.6 和 10.0 时的存在形态，可认为 1389cm^{-1} 处的吸收峰为 $HAsO_4^{2-}$ 中的 As—O 振动峰。

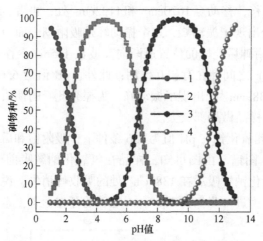

图 3-28 As(V) 在不同 pH 值下的存在形式

1—H_3AsO_4；2—$H_2AsO_4^-$；3—$HAsO_4^{2-}$；4—AsO_4^{3-}

总的来看，(1) pH 值为 2 的酸性环境下，砷以 H_3AsO_4 和 $H_2AsO_4^-$ 两种形式吸附在介孔氧化铝表面，且 Al—OH 参与了吸附反应；(2) pH 值为 6.6 的近中性环境下，砷以 $H_2AsO_4^-$ 和 $HAsO_4^{2-}$ 形式吸附在介孔氧化铝表面，且 Al—OH 参与了吸附反应；(3) pH 值为 10.0 的碱性环境下，砷以 $HAsO_4^{2-}$ 和 AsO_4^{3-} 形式吸附在介孔氧化铝表面，且 Al—OH 参与了砷吸附反应。

3.5.3 吸附机理

结合前面吸附过程中 pH 值变化和吸附前后介孔氧化铝表面官能团的变化，研究者提出如图 3-29 所示的吸附作用机理。

总的来看，pH 值为 2.0 的酸性环境下，因为有两种 As 物种存在于介孔氧化铝表面，且有介孔氧化铝表面羟基质子化的现象，现提出两种同时存在的作用机制：(1) H_3AsO_4 通过氢键作用吸附在未被质子化的羟基官能团上；(2) $H_2AsO_4^-$ 通过静电吸引力的作用吸附在被质子化的介孔氧化铝羟基官能团上。

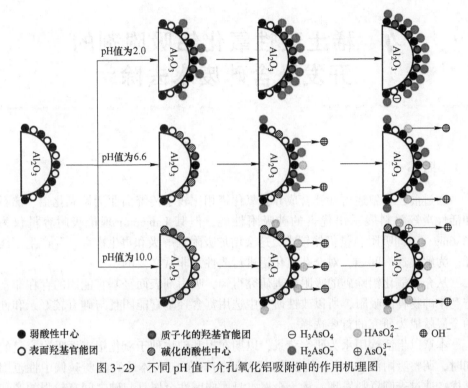

● 弱酸性中心　　　　● 质子化的羟基官能团　　　⊖ H$_3$AsO$_4$　　　⊕ OH$^-$
○ 表面羟基官能团　　　⊘ 碱化的酸性中心　　　　● H$_2$AsO$_4^-$　　⊕ AsO$_4^{3-}$　⊙ HAsO$_4^{2-}$

图 3-29　不同 pH 值下介孔氧化铝吸附砷的作用机理图

pH 值为 6.6 的近中性环境下，因为有两种砷存在于介孔氧化铝表面，且有介孔氧化铝表面羟基质子化和溶液 OH$^-$ 先吸附后释放的现象，提出两种同时存在的作用机制：（1）H$_2$AsO$_4^-$ 和 HAsO$_4^{2-}$ 吸附在被质子化的-OH 官能团；（2）水溶液中的 OH$^-$ 先吸附在介孔氧化铝表面的酸性中心，然后又通过与溶液中 H$_2$AsO$_4^-$ 发生离子交换反应而释放出来。

pH 值为 10.0 的碱性环境中，由于有两种 As 物种存在于介孔氧化铝表面，且有 OH$^-$ 先降低后释放和表面羟基质子化的现象，现提出两种同时存在的氧化铝与砷之间的作用机制。（1）HAsO$_4^{2-}$ 和 H$_2$AsO$_4^-$ 吸附在质子化的氧化铝上；（2）先吸附在氧化铝酸性中心的 OH$^-$ 通过与 H$_2$AsO$_4^-$ 和 HAsO$_4^{2-}$ 发生离子交换反应，而使得砷吸附在吸附剂上。

4 稀土改性氧化铝吸附剂的开发及含砷废水去除

4.1 概述

通过前三章叙述可知，合成介孔氧化铝相比较于传统商业活性氧化铝、沸石和活性炭等材料展示出优良的砷吸附性能，但其 Langmuir 理论吸附容量仅为 36.6mg/g，即吸附容量仍然较小，这会增加吸附剂解吸和再生次数，并产生高能耗。为解决这一问题，对介孔氧化铝进行改性是非常必要的。

从介孔氧化铝除砷的吸附机理研究得知，吸附剂表面羟基官能团的存在非常有利于砷物种的吸附，所以改性研究中选用富含羟基官能团且与砷有较好亲和性的金属就成为研究的首要选择。

本章以生活饮用水为研究背景，以期在提升砷物种于氧化铝表面吸附容量的同时，调整吸附液 pH 值，使吸附后溶液的 pH 值向人体适宜的弱碱偏中性范围靠拢。通过查阅资料发现，稀土金属本身属弱碱性金属且与砷之间有较强的亲和力，本章就稀土金属改性氧化铝进行研究。

4.2 稀土金属改性氧化铝的结构性质

4.2.1 N₂ 吸脱附等温线

图 4-1 为不同稀土金属 Ce、Y、Eu、Pr 和 Sm 改性介孔氧化铝的 N_2 吸脱附等温线。由图可知，5 个稀土改性介孔氧化铝的 N_2 吸脱附等温线的曲线形状与未改性介孔氧化铝的 N_2 吸脱附等温线曲线形状相似，这 6 个样品均出现有两个明显的突跃。其中，第一个突跃均发生于相对压力较低的条件下，它的发生是因为液氮先以单分子层形式吸附在样品上，之后又以多分子层吸附。第二个突跃发生于相对压力较大的条件下，此时的吸附量由于毛细管凝聚作用会有一个很明显的增加。根据 IUPAC 的规定，这两个突跃表明所得材料为介孔材料。经 BET 法计算可得，Ce、Y、Eu、Pr 和 Sm 改性介孔氧化铝的表面积分别为 186.2m²/g、186.4m²/g、160.4m²/g、230.2m²/g 和 149.5m²/g，所有比表面积均小于原介孔氧化铝材料的比表面积（312m²/g）。改性后材料比表面积减小主要是因为在稀土金属负载过程中，介孔氧化铝的部分孔道被阻塞，这可从图 4-1 中稀土改性所得稀土-铝氧化物复合材料在低压端（$P/P_0 < 0.1$）对液氮的吸附量明显小于载

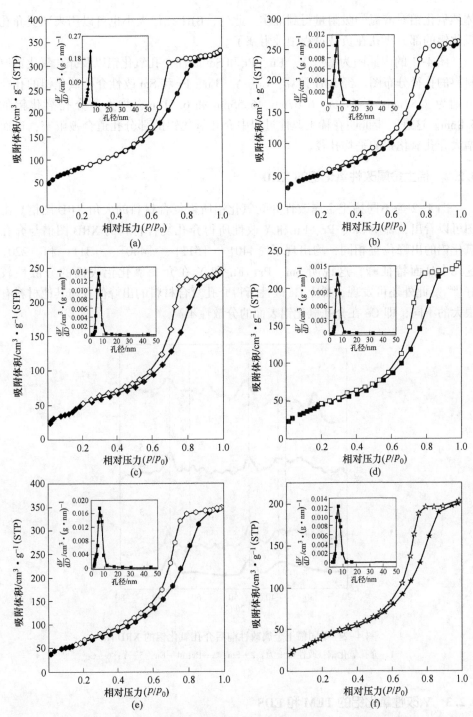

图 4-1 不同稀土金属种类改性氧化铝前后的氮吸脱附等温线和 BJH 孔径分布（内插图）
(a) MA；(b) Ce-MA；(c) Y-MA；(d) Eu-MA；(e) Pr-MA；(f) Sm-MA

体纯氧化铝对液氮的吸附量得到证实。此外，BJH 孔径大小也可以用来证明介孔氧化铝的部分小孔在负载过程中被阻塞了。

图 4-1 的内插图为 Ce、Y、Eu、Pr 和 Sm 改性介孔氧化铝以及介孔氧化铝原材料的孔径分布图。经 BJH 计算，Ce、Y、Eu、Pr 和 Sm 改性介孔氧化铝的孔径分别为 7.87nm、6.75nm、6.67nm、6.55nm 和 6.51nm，均大于介孔氧化铝的 5.8nm。这进一步证明在稀土改性过程中介孔氧化铝的部分孔道会被阻塞，进而增大介孔氧化铝的平均孔径。

4.2.2 稀土金属改性氧化铝的 XRD

图 4-2 为不同稀土金属改性介孔氧化铝所得复合材料的大角 XRD 图谱。由图可以看出，稀土 Sm、Pr、Eu 和 Y 改性所得介孔复合材料的 XRD 图谱与介孔氧化铝的出峰位置相同，均出现了 {440}、{511}、{440}、{311} 和 {220} 这几个晶面特征峰，这说明 Sm、Pr、Eu 和 Y 在介孔氧化铝表面的分散性较好[166]。此外还可发现，稀土 Ce 改性所得介孔复合材料的出峰位置与其他材料有很大的不同，即 Ce 在介孔氧化铝表面的分散性不高。

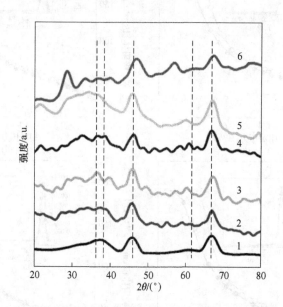

图 4-2 不同稀土金属改性前后介孔氧化铝的 XRD 图
1—介孔氧化铝；改性稀土为：2—Sm；3—Pr；4—Eu；5—Y；6—Ce

4.2.3 Y 改性氧化铝的 TEM 和 EDS

为进一步证明稀土金属在介孔氧化铝表面的成功嫁接和复合材料的结构，研究中选用 TEM 和 EDS 两个图谱来进行表征。稀土 Y 改性介孔氧化铝的 TEM 和 EDS 图谱如图 4-3 所示。由 TEM 图可以看出，Y 改性介孔氧化铝复合材料的 TEM 图谱与原来介孔氧化铝的 TEM 图基本相似，图中的黑白对比情况没有像有序介孔硅材料那样突出和明显。这种可以忽略的黑白对照说明此复合材料不具有长程有序的孔道结构，其介孔孔道是纳米棒的随意堆积形成的。但从 EDS 图谱可以看出，稀土 Y 成功的嫁接在此复合材料中。

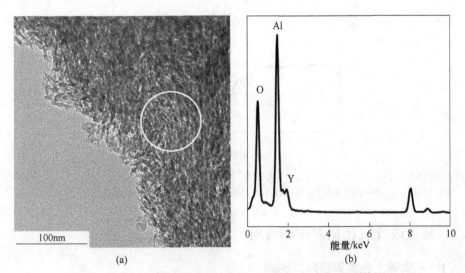

(a)   (b)

图 4-3 稀土 Y 改性介孔氧化铝的 TEM 图（a）和 EDS 图（b）

4.2.4 Y 改性氧化铝的 FT-IR

为进一步探测稀土金属 Y 在介孔氧化铝表面的存在形态，研究者选用 FT-IR 对介孔氧化铝、400℃焙烧的硝酸钇和 Y 修饰介孔氧化铝材料进行表征。

图 4-4 为介孔氧化铝、400℃焙烧的硝酸钇和 Y 修饰介孔氧化铝的 FT-IR 表征结果。通过比较介孔氧化铝（曲线 1）、400℃烧硝酸钇（曲线 2）和 Y 修饰介孔氧化铝（曲线 3）发现：三个材料都在 570cm^{-1} 附近存在着振动峰；400℃烧硝酸钇（曲线 2）和 Y 修饰介孔氧化铝（曲线 3）在 1382cm^{-1} 附近有振动峰；纯介孔氧化铝（曲线 1）在 1070cm^{-1}、1440cm^{-1} 和 1630cm^{-1} 三处的羟基振动峰在 Y—Al 双金属氧化物中消失。经与 FT-IR 谱库中氧化钇的标准图谱相对比发现，硝酸钇在 1382cm^{-1} 和 574cm^{-1} 两处的峰为 Y—O 振动峰。据之前章节对介孔氧化铝的 FT-IR 表征发现，纯介孔氧化铝在 570cm^{-1} 处的峰为六面体铝中 Al—O 振动峰，所以可认为 Y 修饰介孔氧化铝所得双金属氧化物在 570cm^{-1} 处的峰为 Y—O 和 Al—O 振动的叠加峰，在 1382cm^{-1} 附近的峰为 Y—OH 振动峰。

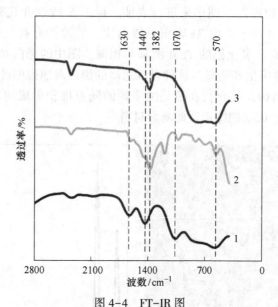

图 4-4 FT-IR 图

1—介孔氧化铝；2—400℃烧过的硝酸钇；3—Y 修饰介孔氧化铝

4.3 稀土改性氧化铝对砷的吸附

4.3.1 不同稀土金属对吸附的影响

由于每种金属结构的不同，它们对砷表现出不同的亲和性，所以就稀土金属种类对砷吸附性能的影响展开研究显得势在必行。

从前述吸附剂制备中可以看出，本研究中选用稀土 Ce、Sm、Pr、Eu 和 Y 来修饰介孔氧化铝，并得到相应的复合材料。对于这些复合材料除砷性能的考察，本研究就吸附剂投加量为 2g/L，吸附液 pH 值在 6.6±0.1，接触时间为 24h，室温环境下进行实验研究。研究所得实验结果如图 4-5 所示。很明显，稀土 Sm、Pr、Eu 和 Y 修饰的介孔氧化铝对砷的吸附能力都大于原介孔氧化铝，且它们对砷的吸附去除能力依次为 Y>Sm>Eu>Pr。此外，Ce 改性介孔氧化铝的吸附能力却低于纯介孔氧化铝，究其原因应是 Ce 在介孔氧化铝表面分散不均，大量的堆积使得 Ce 的吸附位点没有暴露出来，且覆盖了部分介孔氧化铝的吸附位点。由图 4-5 还可发现，所有吸附剂的平衡吸附容量均随着初始浓度的增大而增大，但在初始浓度小于 44.703mg/L 时，经稀土 Y、Sm、Eu 和 Pr 修饰介孔氧化铝所得吸附剂由于都没有达到饱和状态，这几个吸附剂的平衡吸附容量基本接近。

4.3.2 负载量对吸附的影响

众所周知，活性位点的数量多少会直接影响材料对吸附质的吸附性能。所以

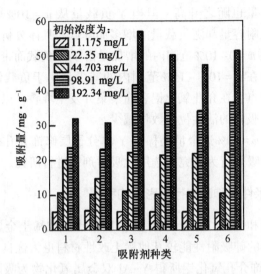

图 4-5　不同吸附改性介孔氧化铝对砷的吸附能力

1—介孔氧化铝；改性稀土为：2—Ce；3—Y；4—Eu；5—Pr；6—Sm

针对这方面问题选用按质量分数为 5%、10% 和 15% 的 Y 质量比嫁接于介孔氧化铝表面，并就所得复合 Y-Al 双金属氧化物对砷的量进行考察。砷吸附性能考察的研究条件为：吸附剂投加量为 2g/L、吸附液初始 pH 值为 6.6±0.1，吸附温度为室温，吸附时间 24h。

图 4-6 为在介孔氧化铝表面嫁接不同量稀土金属钇所得复合材料对砷的吸附去除能力。从图可以看出：当 Y 负载量从 $w=0$ 增加至 $w=10%$ 时，相应复合材料

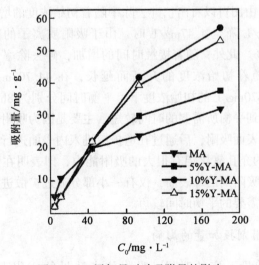

图 4-6　Y 添加量对砷吸附量的影响

对砷的平衡吸附容量也随之升高；但当 Y 负载量从 $w = 10\%$ 增加至 $w = 15\%$ 时，复合材料对砷的吸附容量却随负载量的增多而降低。具体分析上述实验结果可发现，砷吸附容量在 $w = 0 \sim 10\%$ 范围内的增加是由于 Y 负载而带来的活性位点数增多，而砷吸附容量在 $w = 10\% \sim 15\%$ 范围内的减少是由于负载量过多，即 Y 嫁接带来的过量活性位点会在介孔氧化铝表面聚集并发生堆叠，以此导致直接暴露在外、可有效用于砷吸附的活性位点数量减少。

综上可认为，$w = 10\%$ 这个量是稀土 Y 单分子层修饰介孔氧化铝表面的最佳值。所以后期的砷吸附行为研究均选用此吸附剂来进行研究。

4.3.3   吸附操作条件对砷吸附行为影响的考察

通过前述研究和分析，以 $w = 10\%$ 这个质量比负载稀土金属 Y 于介孔氧化铝表面所得复合材料的砷吸附性能较其他稀土改性材料更为优良。所以在后期中选用 $w = 10\%$ 的 Y 修饰介孔氧化铝所得 Y-Al 双金属氧化物为吸附剂来进行砷吸附研究。此外，据第 3 章中关于水质条件对材料吸附行为的研究可知，初始砷浓度、接触时间、吸附剂投加量、pH 值和共存阴离子等操作参数都会影响材料对砷的吸附性能。

4.3.3.1   初始砷浓度的影响

水质中污染物的浓度会因为污染源和水体自净能力等因素的不同而不同，所以本研究中就初始浓度和反应接触时间对介孔氧化铝去除砷的行为进行研究。研究实验条件为：初始浓度在 $4.47 \sim 44.70 \mathrm{mg/L}$，吸附剂用量是 $1 \mathrm{g/L}$，水体初始 pH 值为 6.6 ± 0.1，水体温度为室温，吸附接触时间在 $0.25 \sim 12 \mathrm{h}$ 范围内。实验结果如图 4-7 所示。由图可以看出：砷去除率随着初始浓度的增加而降低；当初始砷浓度从 $44.70 \mathrm{mg/L}$ 降至 $4.47 \mathrm{mg/L}$ 时，由于吸附质离子的减少，砷去除率从 77% 升高至 99.99%。此外，随着接触时间的增加，砷去除率升高，且达到平衡所需要的时间也随着初始浓度的升高而延长，在 $44.703 \mathrm{mg/L}$、$22.352 \mathrm{mg/L}$、$11.175 \mathrm{mg/L}$ 和 $4.470 \mathrm{mg/L}$ 的初始浓度下，平衡时间分别为 $8 \mathrm{h}$、$6 \mathrm{h}$、$3 \mathrm{h}$ 和 $1.5 \mathrm{h}$。而低初始浓度下达到平衡所需要的时间较短，主要是因为吸附质砷在吸附剂表面吸附是通过先在外表面吸附，后通过孔道扩散进入内表面进行吸附来进行的，而 $w = 10\%$ 的 Y 修饰的介孔氧化铝有很大的吸附能力，即表明在低初始浓度下，绝大部分砷吸附在了吸附剂的外表面，仅有一小部分通过扩散进入孔道内表面，故而低浓度条件下所需要的平衡时间较短。

4.3.3.2   吸附剂投加量的影响

当溶液中含砷量一定的时候，吸附位点数量的变化直接影响吸附剂对

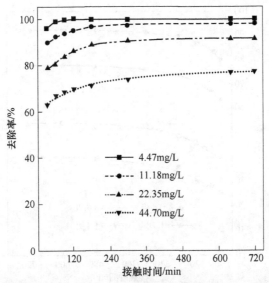

图 4-7　初始砷浓度对 $w = 10\%$ 的 Y 修饰介孔氧化铝吸附 As(Ⅴ) 性能的影响

As(Ⅴ) 的去除效果，而改变吸附体系中吸附位点数量的直接方案就是改变吸附剂的投加量。本章在考察 $w = 10\%$ 的 Y 修饰介孔氧化铝投加量的影响时，选用 0.4g/L、0.6g/L、1.0g/L 和 1.4g/L 的吸附剂投加量，其他研究条件为吸附液体积 50mL、pH 值为 6.6±0.1、初始浓度为 44.703mg/L、吸附温度为室温、接触时间在 0.5~12h 内。图 4-8 为 $w = 10\%$ 的 Y 修饰介孔氧化铝投加量和接触时间对砷去除率的影响结果。由图可知，随着吸附剂量的增加，$w = 10\%$ 的 Y 修饰介孔氧化铝对砷的去除率逐渐增大，进一步证明吸附位点的增多有利于去除水体中的吸附质。很明显，当吸附剂量从 0.4g/L 增加至 1.4g/L，对 As(Ⅴ) 的最大去除率从 40% 增加至 90%；同时，随吸附剂量的增多，吸附反应的平衡时间明显缩短，在吸附剂量分别是 0.4g/L、0.6g/L、1.0g/L 和 1.4g/L 时，平衡时间分别约为 11h、10h、8h 和 5h。

这与第 3 章中介孔氧化铝的除砷性能相比较发现：对于同一初始砷浓度（44.703mg/L）的去除研究中，要达到大于 98% 的去除率，介孔氧化铝的投加量需要达到 4g/L，而 $w = 10\%$ 的 Y 修饰介孔氧化铝得投加量仅为 1.4g/L。所以，可认为 $w = 10\%$ 质量比的稀土 Y 对介孔氧化铝的修饰研究是有效的。

4.3.3.3　吸附液 pH 值的影响

据前所示，水体的初始 pH 值对水中污染物的去除有很大影响，所以大量关于水中污染物迁移转化的研究都集中在不同水体 pH 值环境下来展开。通过第 3 章中关于介孔氧化铝的除砷研究可知，针对吸附液 pH 值对吸附剂吸附砷的性能

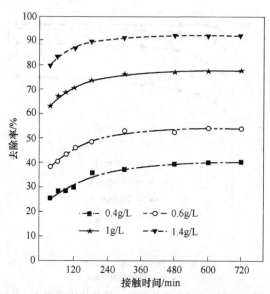

图 4-8 $w=10\%$ 的 Y 修饰介孔氧化铝投加量和接触时间对砷去除率的影响

展开研究显得尤为重要。所以在稀土 Y 改性介孔氧化铝的研究中，研究者在初始 pH 值为 2~12 的范围内进一步研究了溶液 pH 值对材料性能的影响。研究条件为吸附剂投加量 1g/L，初始浓度为 44.703mg/L，吸附温度为室温，接触时间 24h。研究结果如图 4-9 所示。由图可以看出：在初始 pH 值为 3.0~6.0 的范围内时，$w=10\%$ 的 Y 修饰介孔氧化铝对砷的去除率达 92%以上；当初始 pH 值从 6.0 升高到 9.0 时，砷去除率从 92%降低至 57%；当初始 pH 值继续增加至 11.7 时，砷去除率继续下降至 17%。

4.3.3.4 共存阴离子的影响

为进一步研究各阴离子对 $w=10\%$ 的 Y 修饰介孔氧化铝吸附砷行为的影响，选用单一的阴离子（PO_4^{3-}、SiO_3^{2-}、F^-、SO_4^{2-} 和 NO_3^-）与砷的混合液作为吸附液来进行考察。条件为：砷初始浓度为 44.703mg/L，吸附剂用量为 1g/L，接触吸附时间为 24h，所有阴离子的浓度分别控制在 0mg/L、10mg/L、50mg/L 和 200mg/L 条件下，吸附温度为室温。图 4-10 为共存阴离子对 $w=10\%$ 的 Y 修饰介孔氧化铝吸附砷性能影响的研究结果。由图可以看出，在所研究的浓度范围内，（1）当 SiO_3^{2-}、NO_3^- 和 SO_4^{2-} 存在时，砷去除率几乎不发生改变，即 SiO_3^{2-}、NO_3^- 和 SO_4^{2-} 的存在对 $w=10\%$ 的 Y 修饰介孔氧化铝去除砷的性能几乎没有影响；（2）当 PO_4^{3-} 和 F^- 存在时，砷去除率明显降低，且砷去除率随着共存离子 PO_4^{3-} 和 F^- 浓度的增加而降低；当二者的浓度为 10mg/L 时，砷去除率分别降低了 13% 和 11%；当二者浓度为 50mg/L 时，As（V）去除率分别降低了 40% 和 30%；二

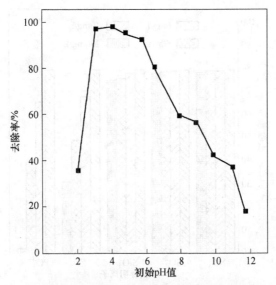

图 4-9　初始 pH 值对 $w=10\%$ 的 Y 修饰介孔
氧化铝去除砷性能的影响

者浓度继续增加至 200mg/L 时，F^- 与砷共存液中 As（V） 去除率降低了 48%，PO_4^{3-} 与 As（V） 共存液中 As（V） 的去除率几乎降至 0。总的来看，所研究的各共存阴离子对 $w=10\%$ 的 Y 修饰介孔氧化铝吸附砷的抑制能力依次为 PO_4^{3-}>SiO_3^{2-}>F^->SO_4^{2-}>NO_3^-，即 PO_4^{3-} 对砷的抑制作用更大。而 PO_4^{3-} 对砷的抑制作用主要是因为磷与砷在元素周期表中位于同一主族，二者在水溶液中的分子结构具有很大的相似性，所以磷酸根与砷酸根离子在吸附反应中有相同的吸附位点，二者更易于竞争同一个吸附位点。这与介孔氧化铝吸附砷的研究结果相一致。

4.3.3.5　温度的影响

吸附反应体系的温度是影响吸附剂吸附效果的另一重要因素。为研究温度对砷在吸附剂 $w=10\%$ 的 Y 修饰介孔氧化铝表面上的吸附行为，本研究在以下实验条件下进行实验研究：pH 值为 6.6±0.1，吸附时间为 24h，初始砷浓度为 22.325mg/L、89.41mg/L 和 178.812mg/L，吸附剂投加量为 2g/L。所得实验结果如图 4-11 所示。由图可看出，在所研究的吸附温度 20℃、35℃、50℃ 和 65℃ 中，材料的吸附容量随吸附温度的升高逐渐升高，且这种吸附容量升高的现象在高初始砷浓度条件下更为明显；当初始浓度较低时（22.325mg/L），由于吸附剂的吸附活性中心充分，在低温就可实现近乎 100% 的吸附，所以升高温度对它的影响并不明显。总体来看，在所研究的温度范围内，升高吸附反应体系的温度有利于吸附反应的进行。

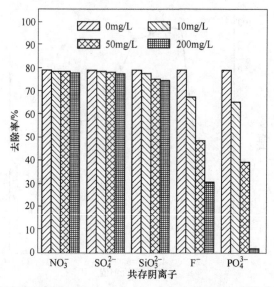

图4-10   水中共存阴离子对 $w=10\%$ 的 Y 修饰介孔氧化铝去除砷性能的影响

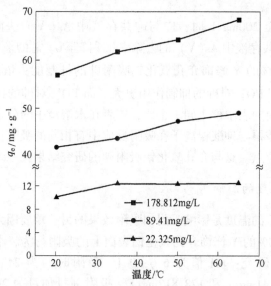

图4-11   温度对 $w=10\%$ 的 Y 修饰介孔氧化铝去除砷性能的影响

4.3.4 吸附等温线研究

　　根据第 2 章中列出的吸附等温式方程，本研究用各等温式的线性形式来对实验数据进行拟合分析。图4-12 为 $w=10\%$ 的 Y 修饰介孔氧化铝吸附砷的 Langmuir 和 Freundlich 吸附等温式的线性图，各等温式的相关参数经计算见表 4-1。结合

图 4-12 和表 4-1 可以看出，在所研究的温度范围下，Langmuir 线性方程的 R^2 均大于 0.98，几乎接近于 1，远大于 Freundlich 的线性回归方差 R^2，即表明 $w = 10\%$ 的 Y 修饰介孔氧化铝吸附去除砷的实验数据与 Langmuir 吸附等温式拟合的较好，也就是说砷是以单分子层形式吸附在 $w = 10\%$ 的 Y 修饰介孔氧化铝表面的。此外还可从表 4-1 看出，随反应体系温度的升高，$w = 10\%$ 的 Y 修饰介孔氧化铝对砷的吸附容量逐渐增大，这说明在所研究的温度范围内升高温度有利于此吸附反应的进行。经计算，Langmuir 理论最大吸附容量为在室温 20℃、35℃、50℃和65℃下分别为 62.23mg/g、63.13mg/g、65.70mg/g 和 70.97mg/g，且吸附剂 $w = 10\%$ 的 Y 修饰介孔氧化铝在室温环境下对砷的最大吸附容量是介孔氧化铝的 1.70 倍，由此可以看出，稀土金属 Y 对介孔氧化铝的改性是非常有效的。

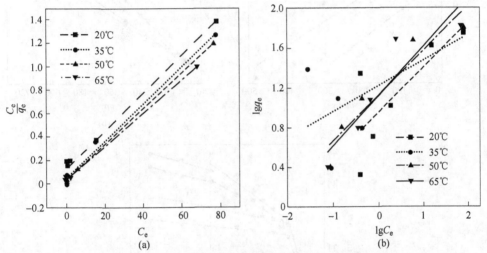

图 4-12　$w = 10\%$ 的 Y 修饰介孔氧化铝吸附砷的吸附等温线

(a) Langmuir；(b) Freundlich

表 4-1　不同吸附温度下的吸附等温式相关参数

温度/℃	Langmuir 等温线			Freundlich 等温线		
	q_{max}	b	R^2	K_f	n	R^2
20	62.23	0.1333	0.9834	8.7418	2.1829	0.5215
35	63.13	0.3818	0.9907	7.1036	3.8865	0.3097
50	65.70	0.5135	0.9999	3.0128	2.2031	0.8642
65	70.97	0.5312	0.9987	2.9514	2.0064	0.8066

4.3.5　吸附动力学研究

为更好地描述 $w = 10\%$ 的 Y 修饰介孔氧化铝对砷的吸附动力学和进一步了解

其对砷的吸附行为，本小节从不同吸附剂量和不同初始 pH 值这两个方面来进行吸附动力学研究，并对所得实验数据通过准一级动力学方程、准二级动力学方程和内扩散方程进行拟合分析（见图 4-13）。其中，准一级动力学方程、准二级动力学方程和内扩散方程在第 2 章中已经提及。

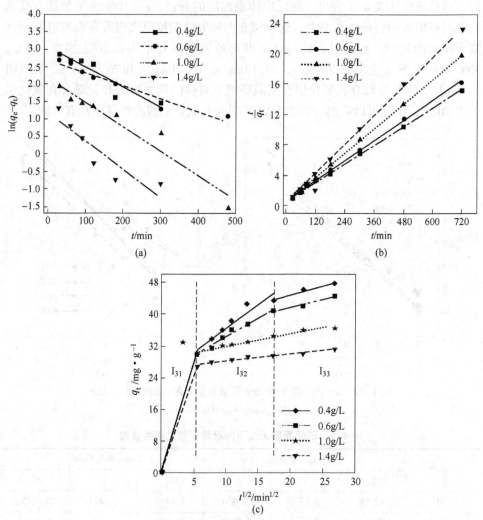

图 4-13　不同吸附投加量下吸附动力学
(a) 准一级动力学模型；(b) 准二级动力学模型；(c) 内扩散模型

　　根据前述研究基础，此处研究时关于不同吸附剂量的考察是在 0.4g/L、0.6g/L、1.0g/L 和 1.4g/L 的条件下进行的，关于不同 pH 值的动力学考察是在 2.03、4.51、6.58 和 9.03 的条件下进行的。在不同吸附剂量考察中，实验条件为：吸附温度是室温、吸附液 pH 值为 6.6、初始砷浓度为 44.70mg/L、接触时间为 0.5~12h，所得实验结果如图 4-13 所示，各动力学方程的相应参数见表 4-2。在不同 pH 值动力学考察中，实验条件为：吸附温度是室温、吸附剂量为 0.6g/L、初始砷浓度为 44.70mg/L、接触时间为 0.5~12h，所得实验结果如图 4-14 所示，各动力学方程的相应参数见表 4-3。此外，吸附动力学方程的有效性判断主要是以下两个方面：（1）模型与数据拟合所得的线性回归系数与 1 的接近程度；（2）模型拟合所得吸附容量与实验所得实际吸附容量的吻合度。

表 4-2 不同吸附剂量下 $w=10\%$ 的 Y 修饰介孔氧化铝吸附 As(Ⅴ) 的动力学参数

模　　型			吸附剂量/g·L^{-1}			
			0.4	0.6	1.0	1.4
准一级动力学		K_1	0.0058	0.0038	0.0070	0.0081
		$q_{e(cal)}$/mg·g^{-1}	21.28	14.85	8.86	3.22
		R^2	0.8328	0.9201	0.9243	0.7637
准二级动力学		K_2	0.0006	0.0007	0.0018	0.0032
		$q_{e(cal)}$/mg·g^{-1}	49.75	45.66	37.04	31.15
		R^2	0.9976	0.9979	0.9995	0.9991
内扩散	I$_{31}$	K_{31}	5.4533	5.4164	5.3788	4.8419
		C_1	0	0	0	0
		R^2	1	1	1	1
	I$_{32}$	K_{32}	1.1838	0.9690	0.3108	0.1815
		C_2	24.5148	24.4768	28.7771	26.3439
		R^2	0.9144	0.9742	0.9387	0.8534
	I$_{33}$	K_{33}	0.4466	0.3841	—	—
		C_3	35.8592	33.9147	—	—
		R^2	0.8699	0.7946	—	—

结合图 4-13 中的线性图和表 4-2 中的数据可以看出：（1）砷吸附所得实验数据与准二级动力学拟合所得线性的偏差较其他模型更小；（2）准二级动力学的线性回归系数 R^2 在所研究的固液比条件下都大于 0.99，而准一级动力学和内扩散方程的回归系数 R^2 则大多都小于 0.97，即准二级动力学相较于一级动力学和内扩散动力学模型更接近于 1；（3）通过准二级动力学方程模型计算所得的理论吸附容量与实验所得实际吸附容量（对应 0.4g/L、0.6g/L、1.0g/L 和 1.4g/L 的吸附剂用量分别为 47.53mg/g、44.57mg/g、36.23mg/g 和 30.22mg/g）最为接近。通过以上分析进一步说明，砷在 $w=10\%$ 的 Y 修饰介孔氧化铝表面的吸附行为遵从准二级动力学方程。内扩散模型对于分析吸附质吸附过程中的扩散机制有

很重要的意义[167]，所以研究者对此模型的分析的拟合结果进行重点分析。根据图 4-13(c) 可以看出，对砷在 $w=10\%$ 的 Y 修饰介孔氧化铝表面吸附所得实验数据进行 q_t 对 $t^{1/2}$ 的线性拟合，经内扩散模型拟合分析后，可以将整个吸附过程分为 I_{31}、I_{32} 和 I_{33} 三个区域，这三个区域的具体数据参数见表 4-2。由拟合数据可以看出，第一区域 I_{31} 的吸附速率常数大于其他两个区域的，究其原因应该是在吸附的初始阶段，主要是外扩散、膜扩散和外表面的强静电吸引作用为主的砷物种吸附；第二吸附区域 I_{32} 发生的吸附反应较慢（$K_{32}<K_{31}$），控制反应的主要应该是 As(V) 离子在吸附剂孔道内的扩散；第三吸附区域只发生在吸附剂用量为 0.4g/L 和 0.6g/L 的吸附过程中，即吸附活性位点与 As(V) 离子的数量比较低时，且其吸附速率明显小于第一和第二吸附区域，即第三吸附区域的吸附过程更加缓慢，可认为此区域为最后平衡阶段。但是内扩散线性拟合关系并没有贯穿整个吸附过程中且没有通过原点，即颗粒内扩散不是控制吸附过程的限速步骤。

结合图 4-14 中的线性图和表 4-3 中的数据可以看出，（1）砷吸附实验数据与准二级动力学拟合所得线性的偏差较其他模型更小；（2）准二级动力学的线性回归系数 R^2 在所研究的固液比条件下都大于 0.99，而准一级动力学和内扩散方程的回归系数 R^2 则大多都小于 0.97，即准二级动力学相较于一级动力学和内扩散动力学模型更接近于 1；（3）通过准二级动力学方程模型计算所得的理论吸附容量与实验所得实际吸附容量（对应 pH 值为 2.03、4.51、6.58 和 9.03 时的吸附容量分别为 30.41mg/g、55.44mg/g、28.59mg/g 和 42.61mg/g）最为接近。所以可以认为不同初始 pH 值下 $w=10\%$ 的 Y 修饰介孔氧化铝对砷的吸附过程遵从准二级动力学模型，即"表面反应"是吸附反应速率的控制步骤。

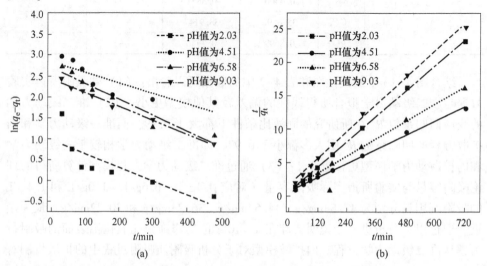

(a)　　　　　　　　　　(b)

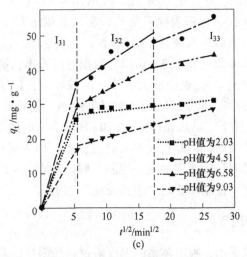

图 4-14 不同初始 pH 值下吸附动力学

（a）准一级动力学模型；（b）准二级动力学模型；（c）内扩散模型

表 4-3 不同初始 pH 值下 $w=10\%$ 的 Y 修饰介孔氧化铝吸附 As（V）的动力学参数

模 型		初始 pH 值			
		2.03	4.51	6.58	9.03
准一级动力学	K_1	0.0033	0.0025	0.0038	0.0033
	$q_{e(cal)}/mg \cdot g^{-1}$	2.65	17.07	14.85	11.54
	R^2	0.5949	0.6882	0.9201	0.9794
准二级动力学	K_2	0.0034	0.0006	0.0007	0.0008
	$q_{e(cal)}/mg \cdot g^{-1}$	31.06	55.87	45.66	29.41
	R^2	0.9991	0.9930	0.9995	0.9946
内扩散	K_{31}	4.6480	6.5170	5.4164	3.0806
I_{31}	C_1	0	0	0	0
	R^2	1	1	1	1
I_{32}	K_{32}	0.1799	1.1970	0.9690	0.5133
	C_2	26.3696	29.7144	24.4768	15.1615
	R^2	0.6242	0.8627	0.9742	0.9733
I_{33}	K_{33}	—	0.7439	0.3841	—
	C_3	—	34.5453	33.9147	—
	R^2	—	0.6322	0.7946	—

内扩散模型对于分析吸附质吸附过程中的扩散机制有很重要的意义，所以对

此模型分析的拟合结果进行重点分析。根据图 4-14(c) 可以看出，对砷在 $w = 10\%$ 的 Y 修饰介孔氧化铝表面吸附所得实验数据进行 q_t 对 $t^{1/2}$ 的线性拟合，经内扩散模型拟合分析后，发现整个吸附过程可分为 I_{31}、I_{32} 和 I_{33} 三个区域，这三个区域的具体数据参数见表 4-3。由拟合数据可以看出，第一区域 I_{31} 的吸附反应发生很快，其吸附速率 K_{31} 也明显大于第二区域和第三区域的 K_{32} 和 K_{33}，吸附速率顺序为 $K_{31} > K_{32} > K_{33}$。第三区域的吸附速率最小，也只是发生在 pH 值为 4.5 和 pH 值为 6.6 的条件下。虽然 pH 值为 2 和 pH 值为 9 时的内扩散没有发生第三吸附区域，成了线性关系，但此直线并未通过原点，即表明在所研究的 pH 值条件下，内扩散不是吸附反应速率的唯一控制步骤。砷在 $w = 10\%$ 的 Y 修饰介孔氧化铝上的吸附反应速率控制步骤是 "表面反应" 过程。

4.3.6　吸附热力学研究

从前述讨论可以看出，吸附体系的温度对材料吸附性能有很大影响。本小节就 20℃、35℃、50℃和 65℃开展吸附研究所得吸附实验数据，通过第 2 章中的热力学参数计算公式 (2-16)~式 (2-19)，就 $\ln K_\alpha$ 和 $1/T$ 作图，所得直线方程和热力学参数的计算值见表 4-4。

表 4-4　热力学方程和其参数

温度/℃	$\Delta G^0/\text{kJ} \cdot \text{mol}^{-1}$	$\Delta H^0/\text{kJ} \cdot \text{mol}^{-1}$	$\Delta S^0/\text{kJ} \cdot (\text{mol} \cdot \text{K})^{-1}$
20	-0.96		
35	-1.66	9.12	0.035
50	-2.185		
65	-2.71		

由表 4-4 可以看出，$w = 10\%$ 的 Y 修饰介孔氧化铝吸附砷的吉布斯自由能 ΔG^0 的数值在所研究的温度范围内均为负值，即说明 $w = 10\%$ 的 Y 修饰介孔氧化铝对砷的吸附行为是自发的过程。ΔG^0 值的绝对值随吸附反应温度的升高而逐渐升高，这表明升高温度可以增大 $w = 10\%$ 的 Y 修饰介孔氧化铝吸附砷的推动力。此外，标准焓变 ΔH 大于 0，则说明此吸附过程为吸热反应，升高吸附反应温度有利于砷在 $w = 10\%$ 的 Y 修饰介孔氧化铝表面的吸附反应进行。标准熵变 ΔS 为正，意味着 As(V) 在吸附剂 $w = 10\%$ 的 Y 修饰介孔氧化铝上吸附时，固液相界面的自由度增加，但其值很小，即这种变化不明显。

4.4　吸附机理

吸附机理的揭示可以对吸附剂的进一步研究、开发和设计提供理论指导和研究方向，所以本小节就砷在 $w = 10\%$ 的 Y 修饰介孔氧化铝表面的吸附机理进行研究。针对砷在 $w=10\%$ 的 Y 修饰介孔氧化铝表面的吸附，本研究选用吸附前后溶液 pH 值变化、pH_{pzc} 值以及初始 pH 值为 2、4、6.6 和 9.0 条件下吸附饱和吸附剂的 FT-IR 图谱。

4.4.1 吸附剂零电荷点

众所周知，吸附剂的表面性质会因为溶液 pH 值不同而有所不同，其中最明显的是，吸附剂表面所带电荷会因为溶液 pH 值大于或小于零电荷点而发生改变。而材料零点电荷点是指在水溶液中，固体材料表面上的净电荷等于零，即固液两相之间由自由电荷引起的电位差为零，此时水溶液的 pH 值就是此材料的零电荷点。当溶液的 pH 值低于吸附剂的零电荷点时，吸附剂表面带正电荷；当溶液 pH 值高于吸附剂的零电荷点时，吸附剂表面带负电荷。

图 4-15 为 $w=10\%$ 的 Y 修饰介孔氧化铝的等电荷点测试结果。由图可以发现，当吸附剂表面 ζ 电势为零时，水溶液 pH 值为 8.86，即表明 $w=10\%$ 的 Y 修饰介孔氧化铝的等电荷点是 8.86。这个值大于本研究前面所提到的介孔氧化铝的等电荷点 8.3。

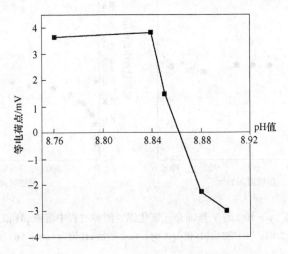

图 4-15　$w=10\%$ 的 Y 修饰介孔氧化铝的等电荷点

4.4.2 吸附过程中 pH 值的变化

为观察砷吸附过程中吸附液 pH 值的变化，研究中选 1g/L 的吸附剂投加量在初始 pH 值为 2、4、6.6 和 9.0 条件下进行实验。

由图 4-16(a) 可知，在整个吸附过程中，吸附液 pH 值随接触时间的增加而升高，当吸附时间为 20h 时，吸附液 pH 值达 2.5。由此推断，这个吸附过程伴随有 H⁺ 的消耗或 OH⁻ 的释放。但如果是 OH⁻ 的释放，则为吸附剂表面的羟基官

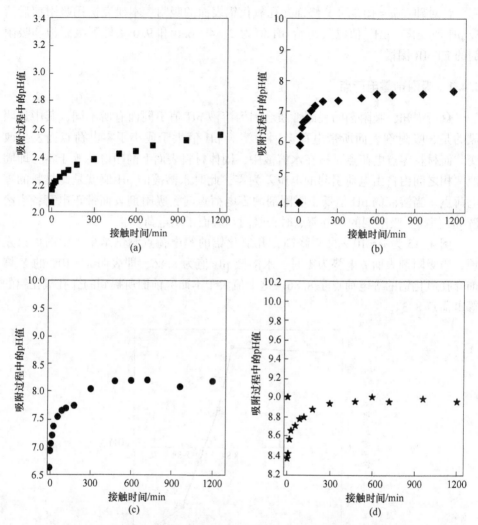

图 4-16 w = 10% 的 Y 修饰介孔氧化铝吸附砷过程中溶液 pH 值的变化
（a）初始 pH 值为 2.07；（b）初始 pH 值为 4.04；（c）初始 pH 值为 6.64；（d）初始 pH 值为 9.01

能团通过离子交换作用而进入吸附液中，结合砷在此条件下的去除情况和引起溶液 pH 值变化所需要的 OH⁻ 数量，认为 pH 值为 2 时的吸附主反应不是 OH⁻ 的释放，而是吸附剂表面官能团消耗溶液中的 H⁺ 并引起溶液 pH 值的逐渐升高。此外，由于吸附剂 w = 10% 的 Y 修饰介孔氧化铝的等电荷点为 8.86，那么 pH 值为 2 时的砷吸附液 pH 值低于吸附剂的等电荷点，此时吸附剂表面羟基官能团因为被质子化而带有正电荷，而这个质子化就是一个消耗 H⁺ 的过程，从而导致溶液 pH 值升高。

图 4-16(b) 为初始 pH 值为 4.04 时的吸附液 pH 值变化结果。由图可以发

现，初始 pH 值为 4.04 时的 pH 值变化趋势与 pH 值为 2.0 时极为相似，且此吸附液 pH 值在吸附反应刚开始的 3h 内快速升高。但这种升高的幅度要大于其他三个所研究的初始 pH 值，这与前述砷去除率的结果相似——此 pH 值条件时的砷去除率较高，再次证明砷去除率与溶液 pH 值变化相关。由于此 pH 值仍然小于吸附剂本身的等电荷点 8.86，所以吸附剂表面羟基官能被团质子化而带有正电荷，而这个质子化就是一个消耗 H^+ 的过程，从而导致溶液 pH 值升高。

图 4-16(c) 为初始 pH 值为 6.64 时的吸附液 pH 值变化结果。此条件下，溶液吸附前后 pH 值变化趋势与图 4-16(a) 和 (b) 相同，pH 值都是随吸附时间的延长而增加一段时间后趋于平衡。观察发现其 pH 值增加的程度小于初始 pH 值为 4.04 时的情况，这与砷去除率的情况保持一致，即表明砷去除率与溶液 pH 值变化相关。此外，由于此初始 pH 值（6.64）小于吸附剂本身的等电荷点 8.86，即说明吸附液 pH 值的升高是因为吸附剂表面羟基官能被团质子化消耗 H^+ 而引起的。

图 4-16(d) 为初始 pH 值为 9.01 时的吸附液 pH 值变化结果。在刚开始的 5min 内，吸附液 pH 值明显下降至 8.37，即溶液中大量的 OH^- 被消耗（吸附在吸附剂上），其原因可能是当溶液中含有大量 OH^- 时，吸附剂载体氧化铝表面的弱酸性优先吸附溶液中的 OH^-，并导致溶液 pH 值下降；吸附 5min 后，溶液的 pH 值又出现随吸附时间的增加而逐渐升高的现象，即溶液中的 H^+ 减少或 OH^- 增多；最终平衡时的 pH 值（8.99）与初始 pH 值较为接近，进一步证明 OH^- 的释放是 pH 值后期升高的主要原因。

此外，还可从图 4-16 的实验结果看出，对于初始 pH 值为 4、6.6 和 9 的砷溶液，吸附剂 $w=10\%$ 的 Y 修饰介孔氧化铝吸附平衡后溶液 pH 值在 7.5~9 之间，即吸附处理后溶液呈现弱碱性，比较满足饮用水的要求。

4.4.3 吸附前后吸附剂官能团的变化

从前述吸附过程中溶液 pH 值变化规律可以推测，吸附液 pH 值小于吸附剂等电荷点 8.86 的吸附机制大致相似，所以研究中选用 pH 值为 6.6 和 9.0 时吸附前后的样品进行表征分析，结果如图 4-17 所示。由图可以发现：（1）在 pH 值为 6.6 的条件下吸附砷后吸附剂在 3628cm^{-1} 处的羟基振动峰消失，同时在 845cm^{-1} 处出现了非络合物中 As—O 键的伸缩振动峰，这说明吸附剂表面的羟基是参与到砷在其表面的吸附作用中的；（2）在 pH 值为 9.0 的条件下吸附砷后吸附剂与吸附前相比较，除了新增 845cm^{-1} 处的 As—O 键伸缩振动峰之外，在 3628cm^{-1} 处的羟基振动峰消失，在 1382cm^{-1} 处的 Y—OH 振动峰消失，在纯吸附剂 570cm^{-1} 处的金属 M—O 键叠加振动峰分别偏移到 630cm^{-1} 处和 502cm^{-1} 处，这表明吸附剂 $w=10\%$ 的 Y 修饰介孔氧化铝表面的羟基官能团在吸附中释放。

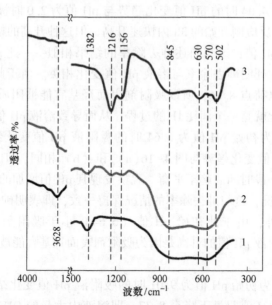

图 4-17 吸附前后 $w=10\%$ 的 Y 修饰介孔氧化铝的红外光谱

1—纯 $w=10\%$ 的 Y 修饰介孔氧化铝吸附剂；2—pH 值为 6.6 时吸附后的吸附剂；

3—pH 值为 9 时吸附后的吸附剂

4.4.4 吸附机理

结合前述吸附过程中 pH 值的变化、砷的存在形态和 FT-IR 分析的结果，砷在 $w=10\%$ 的 Y 修饰介孔氧化铝表面的吸附机理可总结为：（1）吸附液 pH 值小于 8.86 时吸附剂表面的羟基官能团被质子化而使得吸附剂带有正电荷，所以在1）初始 pH 值为 2.07 时，砷主要以 $H_2AsO_4^-$ 的形式通过静电吸引吸附在吸附剂表面；2）初始 pH 值为 4 和 6.6 时，砷主要以 $HAsO_4^{2-}$ 的形式吸附在吸附剂表面；（2）吸附液 pH 值大于 8.86 时吸附剂表面中氧化铝的部分弱酸性中心会吸附水体中的 OH^-，且吸附剂表面会有去质子化现象，所以吸附剂带负电荷，砷存在形态 $H_2AsO_4^-$ 通过与吸附剂表面的 OH^- 发生离子交换而吸附在吸附剂表面。

5 过渡金属改性氧化铝吸附剂的开发及含砷废水去除

5.1 概述

通过前述介孔氧化铝和稀土修饰介孔氧化铝的除砷研究可知，对吸附剂进行改性研究确实能提高吸附剂的吸附容量，如 Y 修饰后介孔氧化铝对砷的吸附容量是原来的 1.7 倍。但是它们对砷有效去除的 pH 值范围仍然较窄，其最佳工作范围是在 pH 值为 4 周围。此外，这两种材料对砷的吸附容量虽有一定改善和提高，但仍然不高，尤其对于高砷浓度的工业废水实际处理而言，其吸附容量有待进一步提高。

近年来，过渡金属作为除活性炭、生物吸附剂和树脂等之外的另一类吸附剂受到人们关注。所以本章用过渡金属对本研究合成的纯介孔氧化铝进行修饰研究，讨论不同过渡金属（Ni、Cu、Zn、Fe 和 Co）种类、前驱体种类和负载量对 As(V) 去除性能的影响，筛选出吸附 As(V) 性能最优的复合材料为最佳吸附剂，并从多个角度对此材料的除 As(V) 性能进行评价。

5.2 过渡金属改性氧化铝的结构性质

5.2.1 N_2 吸脱附等温线

5.2.1.1 不同过渡金属改性氧化铝的 N_2 吸脱附等温线

图 5-1 为不同过渡金属 Cu、Ni、Zn、Co 和 Fe 修饰前后介孔氧化铝的 N_2 吸脱附等温线。由图可以发现，所有材料均呈现出两个明显的突跃。第一个突跃发生于相对压力较低的条件下，它的发生是因为液氮先以单分子层形式吸附在样品上，之后又以多分子层吸附。第二个突跃发生于相对压力较大的条件下，此时的吸附量由于毛细管凝聚作用会有一个很明显的增加。根据 IUPAC 的规定，这两个突跃的发生表明材料的 N_2 吸脱附等温线是典型的 IV 型等温线，即所得复合材料为介孔材料，过渡金属改性没有改变原介孔氧化铝的介孔结构。根据 BET 和 BJH 孔径计算，所研究材料 Cu、Ni、Zn、Co 和 Fe 修饰介孔氧化铝的比表面积分别为 $87.27m^2/g$、$145.59m^2/g$、$134.96m^2/g$、$120.15m^2/g$ 和 $115.57m^2/g$，孔径大小分别为 6.69nm、6.68nm、6.56nm、6.54nm 和 8.14nm。

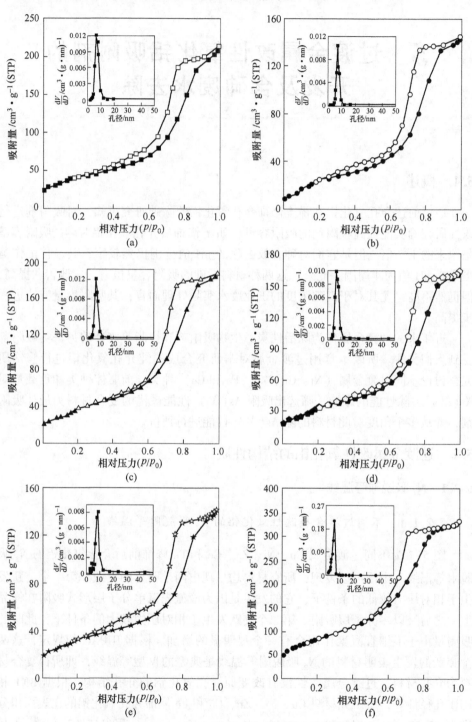

图 5-1　不同过渡金属改性氧化铝的氮吸脱附等温线和 BJH 孔径分布（内插图）

过渡金属为：（a）Cu；（b）Ni；（c）Zn；（d）Co；（e）Fe；（f）0

5.2.1.2 不同铁盐改性氧化铝的 N_2 吸脱附等温线

为考察过渡金属改性剂中酸根离子对所得复合材料的结构性质的影响，选用不同铁盐来进行此部分的研究。图5-2为以 $FeCl_3 \cdot 6H_2O$、$Fe(NO_3)_3 \cdot 9H_2O$ 和 $Fe_2(SO_4)_3$ 为铁盐来修饰介孔氧化铝所得复合材料的 N_2 吸脱附等温线。由图可知，这三种铁盐修饰介孔氧化铝的 N_2 吸脱附等温线形状相似，它们的氮吸附量在整个相对压力范围内出现了两个明显的突跃，呈现 IUPAC 规定的典型的Ⅳ型等温线，即所有材料均为介孔材料，铁盐改性剂的类型不会影响所得复合材料的孔道结构类型。根据 BET 和 BJH 孔径计算，所研究不同铁盐类型 $FeCl_3 \cdot 6H_2O$、

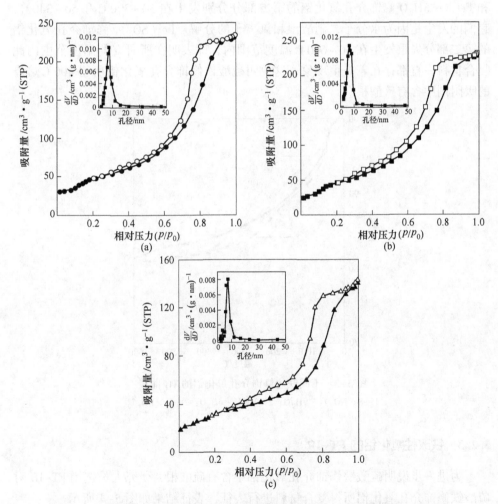

图5-2 不同铁盐改性介孔氧化铝的氮吸脱附等温线和 BJH 孔径分布（内插图）

铁盐：(a) $FeCl_3 \cdot 6H_2O$；(b) $Fe(NO_3)_3 \cdot 9H_2O$；(c) $Fe_2(SO_4)_3$

Fe(NO$_3$)$_3$·9H$_2$O 和 Fe$_2$(SO$_4$)$_3$ 修饰介孔氧化铝的比表面积分别为 168.92m^2/g、167.51m^2/g 和 115.57m^2/g。

5.2.2 不同铁盐改性氧化铝的 TG

为进一步说明 TG 铁盐类型对所得铁-铝复合材料结构性质的影响，研究人员选用 TG 曲线来检测焙烧前的复合样品，所得结果如图 5-3 所示。图中整个 TG 曲线可以看做两个部分，其中：第一部分约在 0~50℃温度范围内，此温度范围内三个材料都失去了约 5% 的质量，其主要是物理吸附水的分解而导致的；第二部分是指大于 50℃ 的温度范围区域内三个样品的质量变化情况。Fe(NO$_3$)$_3$·9H$_2$O 和 FeCl$_3$·6H$_2$O 修饰介孔氧化铝的第二部分分别发生在 50~390℃ 和 50~340℃，它们的发生是因为水分子、硝酸根和氯离子的分解。Fe$_2$(SO$_4$)$_3$ 修饰介孔氧化铝的第二部分失重发生在 50~600℃ 温度范围内，即表明在所研究的温度范围内此复合材料一直都存在着失重现象，这说明硫酸铁修饰介孔氧化铝所得 400℃ 焙烧的吸附剂中含有硫酸根。

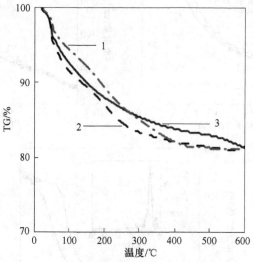

图 5-3 不同铁盐修饰介孔氧化铝的 TG 曲线

1—Fe(NO$_3$)$_3$·9H$_2$O；2—FeCl$_3$·6H$_2$O；3—Fe$_2$(SO$_4$)$_3$

5.2.3 铁改性氧化铝的 FT-IR

为进一步说明硫酸铁修饰介孔氧化铝中含有硫酸根，研究人员选用 FT-IR 对硫酸铁修饰介孔氧化铝所得复合材料进行表征，表征结果如图 5-4 所示。

从硫酸铁修饰介孔氧化铝前后的 FT-IR 图可以看出：纯介孔氧化铝样品中处于 1090cm^{-1} 和 1029cm^{-1} 的 Al—OH 对称和反对称振动峰在经过硫酸铁修饰后

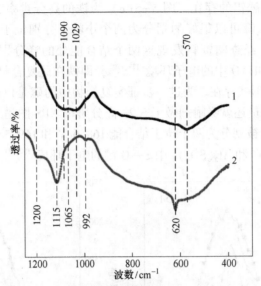

图 5-4　硫酸铁修饰前后的介孔氧化铝 FT-IR 图谱
1—改性前；2—改性后

的样品中都消失了；相较于介孔氧化铝样品，硫酸铁修饰后的样品新增加了四个新的振动峰，它们分别处于 $1200cm^{-1}$、$1115cm^{-1}$、$992cm^{-1}$ 和 $1065cm^{-1}$ 波数处，而这四个振动峰经确定是双配位基的硫酸根振动峰[168,169]；纯介孔氧化铝样品在 $570cm^{-1}$ 处的峰由于硫酸铁的负载转移到 $620cm^{-1}$ 波数处，$620cm^{-1}$ 处的峰是 Fe—O 和 Al—O 振动而引起的叠加峰[170,171]。由此可以看出，硫酸铁成功的嫁接在介孔氧化铝上，且此复合材料中含有硫酸根，这与 TG 曲线的结果相吻合。

5.2.4　硫酸铁改性氧化铝的 XPS

通过前面的研究，可以发现硫酸铁修饰介孔氧化铝材料中除了含有铁，还含有硫酸根，为进一步检测硫酸根的存在形态，本研究选用 XPS 对硫酸铁修饰前后的介孔氧化铝进行分析。

硫酸铁修饰介孔氧化铝的 O 1s、Al 2p、S 2p 和 Fe 2p 高分辨率 XPS 图谱如图 5-5 所示。从图 5-5(a) 可以看出，吸附剂的 O 1s XPS 图谱可以分为五个分别位于结合能在 532.8eV、531.8eV、531.6eV、531.0eV 和 530.1eV 的峰，而它们分别归属为 O 原子在 H_2O、$Al_2(SO_4)_3$、$Fe_2(SO_4)_3$、Al_2O_3 和 Fe(OH)O 中的电子环境[172~175]，这表明吸附剂中除了铝和铁的氧化物或氢氧化物之外，还有它们的硫酸化物。为证明硫酸铝的存在，研究人员就 Al 2p 做了高分辨率的 XPS 图，很明显图 5-5(b) 的峰可以划分为两个小峰，这两个小峰分别位于 74.0eV 和 74.9eV，它们分别对应于 Al 原子在 Al_2O_3 和 $Al_2(SO_4)_3$ 中的电子环境[176,177]，即说明确实是有硫酸铝的存在。图5-5(c) 为铁的高分辨率XPS图谱，在图中可以发现，Fe $2p_{3/2}$ 峰可以很好的划分为两个小峰，分别位于结合能在713.3eV和711.3eV两处，经查阅资料发现这两个结合能处的峰分别对应于Fe原子在 $Fe_2(SO_4)_3$ 和 Fe(OH)O 中的电子环境[178,179]，即铁在此复合材料中以 $Fe_2(SO_4)_3$ 和 Fe(OH)O 两种形式存在。为进一步证实复合物中的硫是以硫酸铝和硫酸铁的形式存在，研究人员还就吸附剂做了 S 2p 高分辨率XPS图谱。从图5-5(d) 可以看出，S 2p 可以被划分为两个位于结合能168.6eV和169.5eV的小峰，它们分别归属于 $Fe_2(SO_4)_3$ 和 $Al_2(SO_4)_3$ 中 S—O 键的电子环境[180,181]。

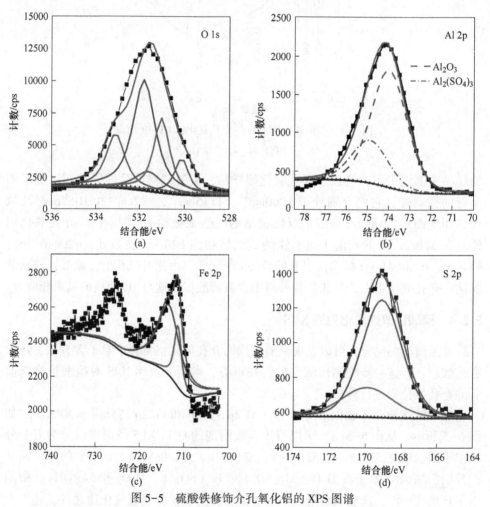

图5-5　硫酸铁修饰介孔氧化铝的XPS图谱

通过上述表征分析，针对硫酸铁修饰的介孔氧化铝样品可以发现，硫酸铁已成功的嫁接在介孔氧化铝上，且部分氧化铝被硫酸化，此时铁-铝复合吸附剂中含有 $Al_2(SO_4)_3$、$Fe_2(SO_4)_3$、Al_2O_3 和 Fe(OH)O。

5.3 过渡金属改性氧化铝对砷的吸附性能

5.3.1 不同过渡金属对吸附的影响

在本研究中，研究人员选用硫酸镍、硫酸铜、硫酸锌、硫酸铁和硫酸钴五种改性剂来修饰介孔氧化铝，并就所得复合材料的砷吸附性能进行考察。砷吸附性能的考察是在吸附剂添加量为 2g/L，接触时间为 24h，初始砷 pH 值为 6.6，温度为室温的条件下进行的，所得结果如图 5-6 所示。以平衡吸附容量为评价标准来看，这五种试剂修饰所得复合材料对砷的吸附性能都高于介孔氧化铝本身，且由于它们对砷的高吸附容量，这些材料在低初始浓度下吸附砷的平衡吸附容量没有明显区别，但其吸附砷的平衡吸附容量的区别在高初始浓度下就很明显，其大小依次为硫酸铁改性的吸附容量>硫酸铜改性的吸附容量>硫酸钴改性的吸附容量>硫酸锌改性的吸附容量>硫酸镍改性的吸附容量。即说明，硫酸铁修饰介孔氧化铝对砷的吸附性能优于其他过渡金属修饰的介孔氧化铝。结合前述几个过渡金属-铝复合材料的比表面积大小顺序，硫酸镍改性的比表面积（145.59m²/g）>硫酸锌改性的比表面积（134.96m²/g）>硫酸钴改性的比表面积（120.15m²/g）>硫酸铁改性的比表面积（115.57m²/g）>硫酸铜改性的比表面积（87.27m²/g），可以得出材料比表面积大小与其砷吸附性能之间不存在直接关联。

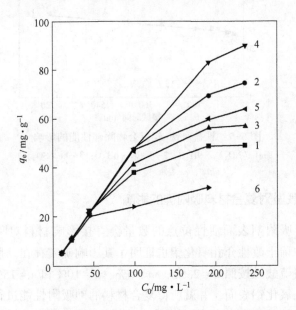

图 5-6　各过渡金属修饰介孔氧化铝所得复合材料的砷吸附性能

改性剂为：1—硫酸镍；2—硫酸铜；3—硫酸锌；

4—硫酸铁；5—硫酸钴；6—未改性介孔氧化铝

5.3.2　不同铁盐对复合材料吸附砷的影响

为考察无机盐类型对铁改性介孔氧化铝吸附砷性能的影响，研究人员选用 $w=10\%$ 的 $FeCl_3 \cdot 6H_2O$、$Fe(NO_3)_3 \cdot 9H_2O$ 和 $Fe_2(SO_4)_3$ 为无机铁盐来改性介孔氧化铝，并用它们作为砷的吸附剂。砷吸附实验是在室温条件下，吸附剂投加量为 $1g/L$，初始砷浓度为 $44.703mg/L$ 和初始 pH 值为 6.6 ± 0.1 的实验环境下进行的。这三种铁盐对砷的去除性能用砷去除率进行分析，结果如图 5-7 所示。在同样的吸附操作条件下，由于铁盐的不同致使铁-铝复合材料对砷的去除率明显不同，各铁盐修饰所得铁-铝复合物对砷的去除性能依次为 $Fe_2(SO_4)_3 > FeCl_3 \cdot 6H_2O > Fe(NO_3)_3 \cdot 9H_2O$，这表明复合材料中硫酸根的存在有利于砷的高效去除。

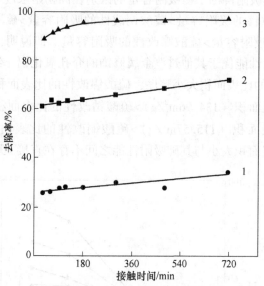

图 5-7　铁盐对铁-铝复合物除砷性能的影响

1—$Fe(NO_3)_3 \cdot 9H_2O$；2—$FeCl_3 \cdot 6H_2O$；3—$Fe_2(SO_4)_3$

5.3.3　不同负载量对复合材料吸附砷的影响

众所周知，吸附剂表面活性位点的数量会直接影响材料对吸附质的吸附性能，且本研究中稀土改性介孔氧化铝也证明了其影响确实存在。所以本小节针对这方面研究，将硫酸铁按照 $w=2.5\%$、$w=5\%$、$w=10\%$ 和 $w=15\%$ 这四个质量比分别负载于介孔氧化铝表面，并就所得复合材料的砷吸附性能进行研究，这些材料的结构表征在前述吸附剂结构表征章节已展现。砷吸附性能考察的研究条件为：吸附剂投加量 $2g/L$、吸附液初始 pH 值 6.6 ± 0.1，吸附温度为室温，吸附时间 24h。

图 5-8 为不同铁负载量修饰介孔氧化铝所得复合材料对砷的吸附结果。由图可以看出，当铁负载量从 0% 增加至 10% 时，砷吸附量随负载量的增加而升高，从砷吸附数据看是从 21. 12mg/g 增加到 43. 56mg/g，这进一步证明吸附活性位点的增多有利于提高吸附质的吸附容量；当铁负载量继续增加时，砷吸附量从负载量 10% 的 43. 56mg/g 降低至负载量 15% 的 27. 4mg/g，而这一结果的发生主要是因为 15% 的负载量对于介孔氧化铝而言是过量的，它会使得吸附位点发生聚集，且过量的硫酸铁会覆盖在吸附位点，进而使得暴露出来的有吸附能力的吸附位点数量减少。

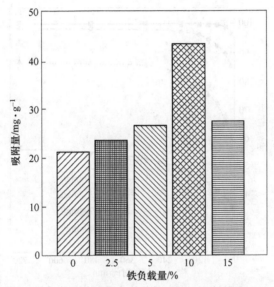

图 5-8　不同铁负载量修饰介孔氧化铝所得复合材料对砷的吸附

5.3.4　不同操作参数对复合材料吸附砷的影响

通过前述研究和分析，以 $w = 10\%$ 这个质量比负载硫酸铁于介孔氧化铝表面所得复合材料对砷的吸附性能较其他改性剂所得复合材料的更为优良。所以在后期研究中选用 $w = 10\%$ 硫酸铁修饰的介孔氧化铝为吸附剂来进行砷吸附研究。此外，由于吸附操作参数初始砷浓度、接触时间、吸附剂投加量、溶液 pH 值和共存阴离子等都会影响材料对砷的吸附性能，所以本小节就这些操作参数来进行考察。

5.3.4.1　初始砷浓度的影响

水质中污染物的浓度会因为污染源和水体自净能力等因素的不同而不同，所以本节就初始浓度和反应接触时间对介孔氧化铝去除砷的行为进行研究。研究实验条件：初始砷浓度为 11.178mg/L、22.352mg/L、44.703mg/L 和 89.406mg/L，吸附剂投加量为 0.6g/L，溶液初始 pH 值为 6.6±0.1，吸附温度为室温。在此条件下，用硫酸铁修饰的介孔氧化铝除砷的研究结果如图 5-9 所示。由图可知，由于吸附剂活性位点是一定的，所以砷去除率随着初始浓度的增加而明显降低，当初始浓度从 11.178mg/L 增加至 89.406mg/L 时，去除率由 99.9% 降至 54%；同时，其吸附平衡时间随初始浓度的增加而延长，在初始浓度为 11.178mg/L、22.352mg/L、44.703mg/L 和 89.406mg/L 时，平衡时间分别为 1h、4h、6h 和 10h。为了后期研究的方便，选用 44.703mg/L 的初始浓度为研究对象。

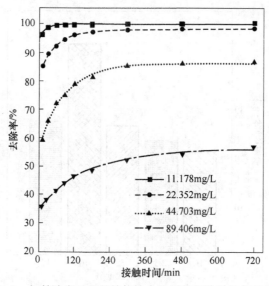

图 5-9 初始浓度对硫酸铁修饰介孔氧化铝除砷性能的影响

5.3.4.2 吸附剂投加量和接触时间的影响

吸附平衡时间和吸附剂投加量的研究对吸附剂的实际运用具有重大意义。本小节关于吸附剂投加量和接触时间对硫酸铁修饰介孔氧化铝除砷性能的考察研究条件为：初始砷浓度 44.703mg/L，吸附液体积 50mL，吸附液初始 pH 值 6.6±0.1，吸附温度为室温。从图 5-10 的研究结果中可以看出，砷去除率随着吸附剂投加量的增加而增大，其吸附平衡时间随着吸附剂投加量的增加而缩短；当吸附剂用量为 0.4g/L 时，在所研究的时间范围内，吸附尚未达到平衡，最大去除率为 64.8%；当吸附剂用量为 0.6g/L 时，吸附 6h 时达到平衡，As(V) 最大去除率为 87.4%；当吸附剂用量为 1g/L 时，吸附 4h 达到动态平衡，As(V) 最大去除率为 97.5%；吸附剂用量为 1.4g/L 时，由于大量吸附剂的投入，在吸附初始的前 10min 内就有 95% 的砷被吸附在吸附剂表面，且在后期的吸附时间内，砷去除率仅从95%升高至99.9%。

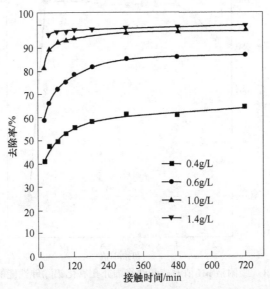

图5-10 吸附剂对硫酸铁修饰介孔氧化铝除砷性能的影响

5.3.4.3 溶液 pH 值的影响

吸附液 pH 值对吸附质在材料表面的吸附行为影响很大，而这种影响在铝基吸附剂中更加明显，其主要是因为溶液存在氧化铝。本小节考察吸附液 pH 值对硫酸铁修饰介孔氧化铝除砷性能的影响是在下述实验条件下进行：吸附剂投加量为 1.0g/L，初始砷浓度为 44.703mg/L，吸附温度是室温，吸附时间是 24h。所得实验研究成果如图 5-11 所示。由图可以看出，当初始 pH 值在 1.96~4.03范围内增加时，砷去除率随着初始 pH 值的增加而升高，砷去除率从 84%升高到 98.4%；当初始 pH 值从 4.0 升高至 11.0 时，砷去除率处于动态平衡状态，砷去除率基本在 98.36%~99.99%范围内浮动；当初始 pH 值从 11.0 升高至12.0 时，砷去除率迅速下降，降至 16.8%。为解释 pH 值从 11.0 升高到 12.0时去除率的急剧下降，研究者测定了吸附反应后溶液的 pH 值，结果如图 5-12所示。

从图 5-12 可以看出，在初始 pH 值为 4.0~11.0 的范围内变化时，吸附反应结束后溶液 pH 值在 3.9~4.5 范围内，结合第 3 章中介孔氧化铝在不同 pH 值的溶解结果——氧化铝在此 pH 值范围内溶解度最低；在初始 pH 值从 11.0 增加至12.0 时，吸附反应后溶液 pH 值升高到 11.2，由于氧化铝是两性氧化物，所以此条件下有部分氧化铝溶解，进而导致吸附剂材料结构在此 pH 值环境下坍塌，并使得复合材料对砷的去除率大幅度下降。

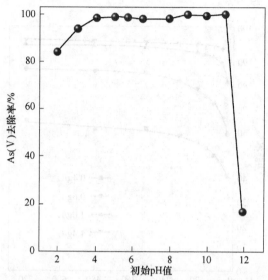

图 5-11 吸附液 pH 值对硫酸铁修饰介孔氧化铝除砷性能的影响

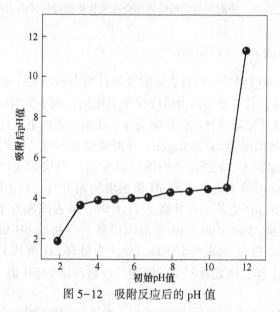

图 5-12 吸附反应后的 pH 值

总的来看，硫酸铁修饰介孔氧化铝可在初始 pH 值为 3~11 范围内高效去除砷，砷去除率高于 90%。此有效除砷的 pH 值工作范围明显大于介孔氧化铝、稀土修饰介孔氧化铝和其他很多砷吸附剂。

5.3.4.4 共存阴离子的影响

众所周知，一般自然水体和受污染的废水中所含成分往往非常复杂，所以就共存物对砷去除效果的影响展开研究显得尤为重要。在众多共存成分中，带同种电荷的污染物会与砷竞争吸附剂表面的吸附位点。所以本讨论中就常见的阴离子 SiO_3^{2-}、PO_4^{3-}、F^-、NO_3^- 和 SO_4^{2-} 对砷在硫酸铁修饰介孔氧化铝表面的吸附行为进行考察。

图 5-13 为水体常见共存阴离子 SiO_3^{2-}、PO_4^{3-}、F^-、NO_3^- 和 SO_4^{2-} 对吸附剂硫酸铁修饰介孔氧化铝去除砷性能的影响结果。由图可知，阴离子 SiO_3^{2-}、NO_3^- 和 SO_4^{2-} 存在时对砷的去除率几乎没有影响，砷去除率最大的降低幅度为 5% 以内；当 PO_4^{3-} 和 F^- 存在时，砷去除率大幅度下降，在共存离子浓度为 200mg/L 时砷去除率分别降至 6.9% 和 46.4%。为进一步探查砷去除率大幅度降低的原因，研究者选用离子色谱对水体中的 PO_4^{3-} 和 F^- 含量进行测定。当 PO_4^{3-} 和 F^- 初始浓度为 10mg/L、50mg/L 和 200mg/L 时，吸附 24h 后，水体中残留的 F^- 离子浓度分别为 0.02mg/L、9.34mg/L 和 109.42mg/L，水体中残留的 PO_4^{3-} 浓度分别为 0.04mg/L、11.86mg/L 和 128.31mg/L。这几个数据表明，硫酸铁修饰介孔氧化铝对 PO_4^{3-} 和 F^- 均具有一定的吸附能力。据此，可认定 PO_4^{3-} 和 F^- 会与砷存在竞争吸附位点的现象，而这种吸附位点的竞争会使得材料对砷的吸附位点数量减少，进而表现为砷去除率降低。

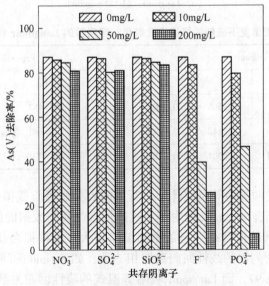

图 5-13 常见共存阴离子对硫酸铁修饰
介孔氧化铝除砷性能的影响

5.3.5 吸附等温式研究

吸附等温式的研究主要用来评价吸附质在吸附剂表面的吸附方式和吸附剂的

理论吸附容量。砷在硫酸铁修饰介孔氧化铝表面的吸附等温式本研究选用
Langmuir 和 Freundlich 对 20℃、35℃和 50℃下的吸附数据进行拟合分析，分析结
果如图 5-14 所示，两等温式相关的拟合参数列入表 5-1 中。

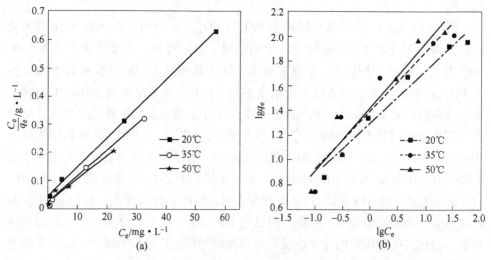

图 5-14　硫酸铁修饰介孔氧化铝吸附砷的吸附等温线

（a）Langmuir；（b）Freundlich

表 5-1　不同吸附温度下硫酸铁修饰介孔氧化铝吸附砷的 Langmuir 和 Freundlich 参数

	Langmuir				Freundlich		
温度	q_{max}	b	R^2	温度	K_f	n	R^2
20℃	96.25	0.8508	0.9998	20℃	9.7452	2.5386	0.9688
35℃	107.76	1.2112	0.9974	35℃	19.882	2.3548	0.9579
50℃	118.48	1.5301	0.9751	50℃	25.0715	2.0813	0.8709

实验数据通过两吸附等温式计算后所得的点分别经直线拟合，从图 5-14 中
可以很明显地看出，Langmuir 吸附等温式的拟合线性与数据的偏差最小，而 Fre-
undlich 吸附等温式的拟合线性与数据的偏差较大。这种拟合线性与数据的偏差
程度与表 5-1 中所列出的线性回归数据相一致，如 Freundlich 吸附等温式的线性
回归系数都小于 0.97，而 Langmuir 吸附等温式的线性回归系数都大于 0.97，即
Langmuir 的回归系数 R^2 最接近 1.0。上述结果表明，砷在硫酸铁修饰介孔氧化铝
表面的吸附行为较为符合 Langmuir 吸附等温式，即砷是按照单分子层形式吸附在
此过渡金属修饰的复合材料表面。其单分子层理论最大吸附容量在吸附温度
20℃、35℃和 50℃时分别为 96.25mg/g、107.76mg/g 和 118.48mg/g。此外，从
Freundlich 和 Langmuir 等温式的速率常数均可看出，吸附速率随着吸附反应温度

的升高而加快。

5.3.6 吸附动力学研究

由于吸附剂性能评价时，除了吸附容量这一标准之外，吸附速率也是一个很重要的因子。为进一步确定吸附过程中吸附速率的决定步骤，本研究选用准一级动力学方程、准二级动力学方程和内扩散方程对砷在硫酸铁修饰介孔氧化铝表面的吸附行为进行模拟分析。研究者对初始 pH 值为 2、6.6 和 9.0 条件下所得实验数据进行动力学的考察，结果如图 5-15 和表 5-2 所示。

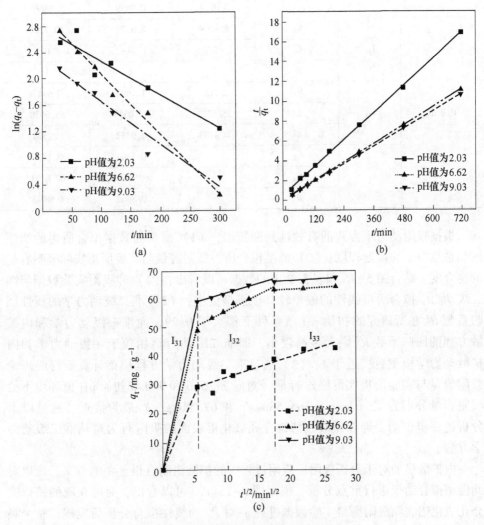

图 5-15 砷在硫酸铁修饰介孔氧化铝表面的吸附动力学
(a) 准一级动力学；(b) 准二级动力学；(c) 内扩散方程

表 5-2　不同 pH 值下硫酸铁修饰介孔氧化铝吸附 As(V) 的各动力学参数

模　型			初始 pH 值		
			2.03	6.58	9.03
准一级动力学	K_1		0.0033	0.0038	0.0033
	$q_{e(cal)}/mg \cdot g^{-1}$		2.65	14.85	11.54
	R^2		0.8666	0.9869	0.9383
准二级动力学	K_2		0.0007	0.0011	0.0017
	$q_{e(cal)}/mg \cdot g^{-1}$		44.51	65.53	68.03
	R^2		0.9978	0.9999	0.9999
内扩散	I_{31}	K_{31}	5.4309	8.9373	10.7201
		C_1	0	0	0
		R^2	1	1	1
	I_{32}	K_{32}	0.7135	1.1692	0.6412
		C_2	25.5722	44.0547	55.5950
		R^2	0.8367	0.9332	0.9331
	I_{33}	K_{33}	—	0.1304	0.1726
		C_3	—	60.7978	62.8381
		R^2	—	0.8462	0.9493

　　根据吸附动力学方程的有效性判断依据：（1）模型与数据拟合所得的线性回归系数与 1 的接近程度；（2）模型拟合所得吸附容量与实验所得实际吸附容量的吻合度。结合图 5-15 和表 5-2 中的数据可以看出：（1）砷吸附实验数据与准二级动力学拟合所得线性的偏差较其他模型更小；（2）准二级动力学的线性回归系数 R^2 在所研究的初始 pH 值条件下都大于 0.99，而准一级动力学和内扩散方程的回归系数 R^2 则大多都较小，即准二级动力学相较于一级动力学和内扩散动力学模型更接近于 1；（3）通过准二级动力学方程模型计算所得的理论吸附容量与实验所得实际吸附容量（对应 2、6.6 和 9.0 的初始 pH 值环境下的吸附容量分别为 42.61mg/g、65.53mg/g 和 67.54mg/g）最为接近。通过以上分析进一步说明，砷在硫酸铁修饰介孔氧化铝表面的吸附行为遵从准二级动力学方程。

　　内扩散模型对于分析吸附质吸附过程中的扩散机制有很重要的意义，所以对此模型拟合结果进行重点分析。根据图 5-15(c) 可以看出，对砷在硫酸铁修饰介孔氧化铝表面吸附所得实验数据进行 q_t 对 $t^{1/2}$ 的线性拟合分析后发现，整个吸附过程可分为 I_{31}、I_{32} 和 I_{33} 三个区域，这三个区域的具体数据参数见表 5-2。由拟合数据可以看出，第一区域 I_{31} 的吸附反应发生很快，其吸附速率 K_{31} 也明显大于第二区域和第三区域的 K_{32} 和 K_{33}，吸附速率顺序为 $K_{31}>K_{32}>K_{33}$。第三区域的吸附速率最小，也只是发生在 pH 值为 6.6 和 pH 值为 9.0 的条件下。虽然 pH 值为 2 时的内扩散没有发生第三吸附区域，成了线性关系，但此直线并未通过原点，即表明在所研究的 pH 值条件下，内扩散不是吸附反应速率的唯一控制步骤。砷在硫酸铁修饰介孔氧化铝上的吸附反应速率控制步骤是"表面反应"过程。

5.4 吸附机理研究

结合前述吸附液 pH 值对吸附剂吸附性能的影响和吸附前后溶液 pH 值的变化可以发现：在初始 pH 值小于 4 时，吸附反应结束后溶液 pH 值均大于吸附液初始 pH 值；当初始 pH 值在大于 4 的范围内时，吸附反应结束后溶液 pH 值均大于吸附液初始 pH 值。所以本研究就砷在硫酸铁修饰介孔氧化铝表面的吸附机理以 pH 值 4 为节点来进行考察。

结合硫酸铁修饰介孔氧化铝的 XPS 图谱分析结果，此复合吸附剂中除含有硫酸铁和硫酸铝之外，还有部分氧化铝和 $FeO(OH)$，所以在吸附液初始 pH 值小于 4 的强酸性环境下，复合吸附剂表面所含有的 Al_2O_3 和 $FeO(OH)$ 中的羟基官能团会被质子化，并导致溶液 pH 值略微升高和吸附剂表面带正电荷。此吸附液条件下砷主要是以 $H_2AsO_4^-$ 为主，所以砷通过静电吸引作用吸附在复合材料表面。此外，由于砷吸附液中还含有部分 H_3AsO_4，且此吸附液环境下砷的去除率大于 $H_2AsO_4^-$ 含量，所以可认定除了静电吸引作用力之外，还有部分 H_3AsO_4 通过氢键作用吸附在未质子化的吸附剂表面。

对于吸附液初始 pH 值大于 4 的吸附液环境，吸附液 pH 值在吸附反应结束后出现了大幅度的下降。为进一步探究吸附后 pH 值变化的原因，研究者在 pH 值为 6.6±0.1 条件下吸附饱和的吸附剂做 FT-IR 分析，并与吸附前样品的 FT-IR 进行对比，FT-IR 的对比如图 5-16 所示。因为吸附剂硫酸铁修饰介孔氧化铝的 FT-IR 图谱在前面阐述过，所以此处就吸附前后的差别进行分析。通过对图 5-16 中砷吸附前后的对比发现，纯吸附剂在 $1200cm^{-1}$ 和 $992cm^{-1}$ 波数处的硫酸根特征峰在吸附砷后消失了，吸附砷后的吸附剂在 $827cm^{-1}$ 波数处新增加了属于 As—O 键所特有的特征峰，纯吸附剂在 $620cm^{-1}$ 波数处的叠加金属—O 特征峰在吸附砷后分裂为两个峰，即 $620cm^{-1}$ 和 $560cm^{-1}$ 波数处。通过上述分析可以得出，在硫酸铁修饰介孔氧化铝吸附砷的这一过程中，硫酸根的确有释放进入吸附液中。所以，吸附液 pH 值降低是因为硫酸根被释放进入吸附液中。据此，可以得出砷在 pH 值大于 4 这一条件下吸附在吸附剂表面的机理主要如图 5-17 所示，即吸附剂表面的硫酸根首先释放进吸附液中，这样吸附剂表面留下的空位带有正电荷，进而吸附液中带负电荷的 OH^- 和 $H_2AsO_4^-$ 吸附在吸附剂表面，硫酸根释放留下的空位上。综上所述，可进一步认为砷在此复合吸附剂表面的吸附是通过离子交换作用进行的。

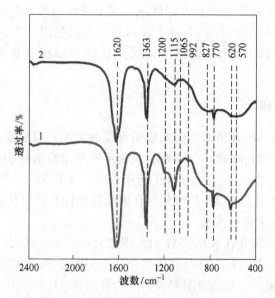

图 5-16 硫酸铁修饰介孔氧化铝吸附砷前后的 FT-IR 图谱

1—吸附前；2—吸附后

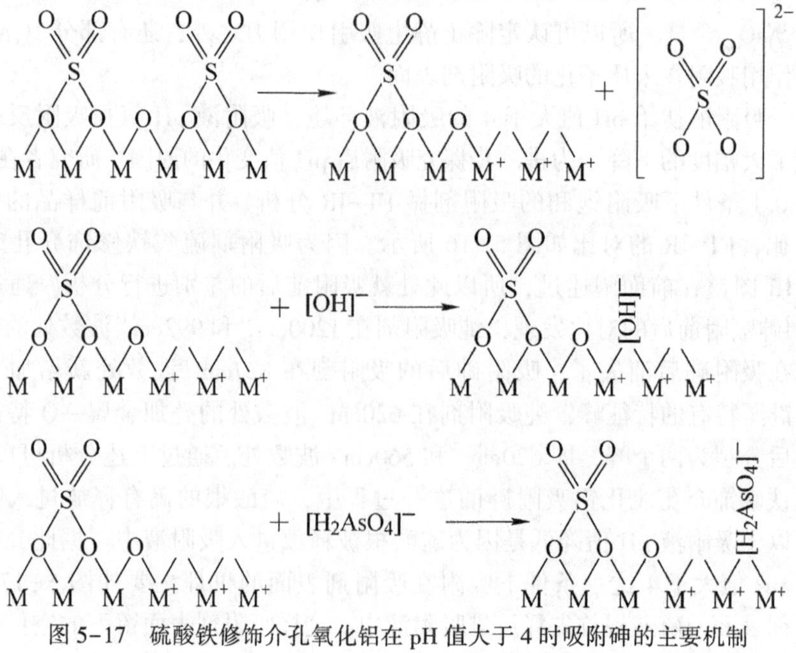

图 5-17 硫酸铁修饰介孔氧化铝在 pH 值大于 4 时吸附砷的主要机制

6 结论及建议

6.1 内容总结

本书内容涉及合成介孔氧化铝、稀土金属改性氧化铝和常规过渡金属改性氧化铝对水中 As(V) 的吸附去除能力和各吸附因素对它们吸附性能的影响，并揭示了相关的吸附机理，得到以下主要结论：

（1）用非离子表面活性剂 P123 为模板在室温下合成了介孔氧化铝。与传统方法相比较，该合成方法具有如下特点：1）合成方法是一种绿色的环保型工艺，非离子表面活性剂成本低、毒性小且易生物降解；2）以水为合成介质，避免了传统方法中大量有机溶剂的使用；3）室温合成，避免了传统方法中高温晶化（≥100℃）所带来的高能耗问题；4）以异丙醇铝替代传统方法中的仲丁醇铝，大大降低了合成成本。

（2）研究了铝源和焙烧温度对介孔氧化铝结构和 As(V) 吸附性能的影响，发现：无机铝盐较快的水解速度不利于合成大比表面积的介孔氧化铝；随着焙烧温度从 400℃ 升高到 600℃，材料表面积逐渐降低，所含有的羟基官能团数量也逐渐降低；介孔氧化铝表面羟基官能团直接影响其对砷的吸附性能；氧化铝比表面大小不是影响砷吸附性能的最主要和唯一因素。

（3）400℃ 焙烧所得介孔氧化铝对砷的吸附性能较其他氧化铝吸附剂更好，它在初始 pH 值 3.0~6.5 范围可有效去除砷，且近中性 pH 值为 6.6±0.1 条件下的砷吸附容量为 36.6mg/g。利用响应曲面优化法就操作参数对砷吸附性能的交互影响进行分析，发现初始 pH 值和初始砷浓度的交互作用对吸附容量的影响最为显著，接触时间和温度的交互作用对吸附容量的影响最小。

（4）对不同 pH 值条件下的吸附机理进行详细的研究，得出：pH 值为 2.0 的酸性环境中，介孔氧化铝通过氢键作用和静电吸引两种方式分别吸附溶液中的 H_3AsO_4 和 $H_2AsO_4^-$；pH 值为 6.6 的近中性环境和 pH 值为 10.0 的碱性环境中，$H_2AsO_4^-$ 和 $HAsO_4^{2-}$ 可与质子化的羟基官能团通过静电作用相吸附，此外，溶液中 $H_2AsO_4^-$ 还可与吸附在吸附剂弱酸性中心的 OH^- 通过离子交换反应来进行吸附。

（5）首次系统地研究了稀土金属（Ce、Y、Eu、Pr 和 Sm）修饰的介孔氧化铝对 As(V) 吸附性能的影响，得出由于稀土金属氧化物的嫁接，介孔氧化铝表面的羟基官能团数量增多，致使稀土金属 Y、Sm、Eu 和 Pr 改性所得复合材料对 As(V) 的吸附容量显著增加，分别为改性前的 1.70 倍、1.48 倍、1.44 倍和 1.37 倍；但 Ce 改性所得复合材料由于 Ce 的堆积和不均匀分散，其对 As(V) 的吸附容量略有下降（0.85 倍）；所得最佳 Y-Al 复合氧化物在初始 pH 值为 2.5～7.5 范围内可有效吸附砷，且其除砷后的 pH 值在 8 左右，这比较接近饮用水要求。

(6) 首次系统地研究了过渡金属（Fe、Cu、Co、Zn 和 Ni）修饰介孔氧化铝所得复合材料对 As(V) 吸附性能的影响，得出改性后介孔氧化铝对 As(V) 的吸附性能显著增加，过渡金属 Fe、Cu、Co、Zn 和 Ni 改性介孔氧化铝对 As(V) 的吸附容量是改性前的 2.63 倍、2.04 倍、1.77 倍、1.58 倍和 1.30 倍；硫酸铁改性介孔氧化铝吸附 As(V) 的性能明显优于氯化铁和硝酸铁改性的；由于硫酸铁修饰介孔氧化铝所得复合材料中硫酸根的存在，其作为吸附剂可在初始 pH 值为 3～11 范围内高效去除砷；其在初始 pH 值小于 4.0 时，砷主要以 $H_2AsO_4^-$ 的形式通过静电吸引的方式吸附在未被硫酸化的氧化铝和 FeO(OH) 表面；在初始 pH 值大于 4.0 时，砷主要通过离子交换来吸附在复合材料表面。

(7) 介孔纯氧化铝、稀土 Y 修饰介孔氧化铝和硫酸铁修饰介孔氧化铝对砷的吸附都属于 Langmuir 吸附等温式的单分子层吸附，且其吸附过程都符合准二级动力学方程，即"表面反应"是其吸附速率的控制步骤；此外，共存阴离子 NO_3^- 和 SO_4^{2-} 对它们的吸附性能几乎没有影响，但 PO_4^{3-} 和 F^- 的存在会使它们对 As(V) 的吸附性能急剧下降。

6.2 建议

本书通过对介孔氧化铝及稀土和过渡金属修饰介孔氧化铝的砷吸附性能进行理论评价，但未深层次考察其工业应用前景，所以作者认为还可以从以下几方面进行深入考察：

(1) 吸附剂的主要评价标准中除吸附容量和吸附速率之外，再生性能也是一个重要因素。故对稀土 Y 改性介孔氧化铝和硫酸铁修饰介孔氧化铝开展再生研究就尤为重要，且高解吸率和循环次数的吸附剂的实际应用性能更好。

(2) 由于实际水体的复杂，除了文中提到的无机物之外还有一些有机物，而有机物会包裹在吸附剂外表面并阻止吸附质到达吸附剂吸附位点，所以在考察吸附过程的干扰因素中，可针对阴离子以外的其他阳离子和有机物的影响进行研究。

(3) 目前整个研究都选用模拟水来进行静态批次实验从而进行基础研究，但考虑到后期的实际工程应用，建议选用地表水和工业含砷废水开展动态吸附柱研究，为工程应用提供数据支撑。

　　（4）本书所采用的合成路线使得介孔氧化铝合成成本仍然较高，可在后期研究中进一步优化合成方案，降低铝基介孔材料的制备成本。

　　（5）本书的吸附机理部分的证据不充分，在有条件的情况下，用 X 射线吸收精细结构和全衰减红外等现代表征手段来进一步深入的阐述吸附机理。

参 考 文 献

［1］ 王艳，郑贤正，汪建飞，等. 活性氧化铝吸附去除偶氮染料活性黑 5 的研究 ［J］. 上海环境科学，2014，33（5）：206-208.

［2］ 戴树桂. 环境化学进展 ［M］. 北京：化学工业出版社，2005.

［3］ 冯德福. 砷污染与防治 ［J］. 沈阳教育学院学报，2000，2（2）：110-112.

［4］ Battacharya P, Welch A H, Stollenwerk K G, et al. Arsenic in the environment：biology and chemistry ［J］. Science of the Total Environment, 2007, 379（2/3）：109-120.

［5］ 李生志，钱金平，王春旭，等. 砷在环境中的存在形态 ［J］. 河北师范大学学报，1990，4：127-132.

［6］ Matschullat J. Arsenic in the geosphere——a review ［J］. Science of the Total Environment, 2000, 249（1/2/3）：297-312.

［7］ Mohan D, Pittman Jr CU. Arsenic removal from water/wastewater using adsorbents——A critical review ［J］. Journal of Hazardous Materials, 2007, 142（1/2）：1-53.

［8］ Nriagu J O, Pacyna J M. Quantitative assessment of worldwide contamination of air, water and soils by trace metals ［J］. Nature, 1988, 333（6169）：134-139.

［9］ 邱立萍. 砷污染危害及其治理技术 ［J］. 新疆环境保护，1999，21（3）：15-19.

［10］ 赵维梅. 环境中砷的来源及影响 ［J］. 科技资讯，2010：146.

［11］ Liao C, Shen H, Lin T, et al. Arsenic cancer risk posed to human health from tilapia consumption in Taiwan ［J］. Ecotoxicology and Environmental Safety, 2008, 70（1）：27-37.

［12］ 顾兴平，顾永柞. 环境砷污染 ［J］. 四川环境，1999，18（3）：11-14.

［13］ Basu A, Mahata J, Gupta S, et al. Genetic toxicology of a paradoxical human carcinogen, arsenic：a review ［J］. Mutation Research, 2001, 488（2）：171-194.

［14］ 梁慧峰，刘占牛. 除砷技术研究现状 ［J］. 邢台学院学报，2005，20（2）：96-98.

［15］ Ratna K P, Chaudhari S, Khilar K C, et al. Removal of arsenic from water by electrocoagulation ［J］. Chemosphere, 2004, 55（9）：1245-1252.

［16］ 李菁，李俊，路春娥. 膜分离技术在治理含砷废水中的应用研究 ［J］. 科技进展，1999，13（4）：17-19.

［17］ Sato Y, Kang M, Kamei T, et al. Performance of nanofiltration for arsenic removal ［J］. Water Research, 2002, 36（13）：3371-3377.

［18］ 夏圣骥，高乃云，张巧丽，等. 纳滤膜去除水中砷的研究 ［J］. 中国矿业大学学报，2007，36（4）：565-568.

［19］ 曲丹，王军，侯德印，等. 膜蒸馏去除水中砷的研究 ［J］. 环境工程学报，2009，3（1）：6-10.

［20］ 胡天觉，曾光明，陈维平，等. 选择性高分子离子交换树脂处理含砷废水 ［J］. 湖南大学学报，1998，25（6）：75-80.

［21］ 穆庆斌，聂挺. 使用活性氧化铝和离子交换法去除饮用水中的砷 ［J］. 建筑与预算，2007，2：85-86.

［22］ 周群英，高廷耀. 环境工程微生物学 ［M］. 2 版. 北京：高等教育出版社，2000：137.

［23］廖敏，谢正苗. 菌藻共生体去除废水中砷初探［J］. 环境污染与防治，1997, 19 (2)：11-12.

［24］林国梁，陈思，白俊智. 从含砷工业废水中萃取富集砷的研究［J］. 沈阳建筑大学学报，2006, 22 (6)：972-976.

［25］余青原，王琳，张宝伟. 浅析水中砷的去除［J］. 山西建筑，2007, 33 (1)：182-184.

［26］韩彩芸，张六一，邹照华，等. 吸附法处理含砷废水的研究进展［J］. 环境化学，2011, 30 (2)：517-523.

［27］Chutia P, Kato S, Kojima T, et al. Arsenic adsorption from aqueous solution on synthetic zeolites［J］. Journal of Hazardous Materials, 2009, 162 (1)：440-447.

［28］李曼尼，刘晓飞，江雅新，等. 改性斜发沸石在水处理中的应用［J］. 环境化学，2007, 26 (1)：21-26.

［29］Pu H P, Huang J B, Jiang Z. Removal of arsenic（V）from aqueous solutions by lanthanum loaded zeolite［J］. Acta Geologica Sinica（EnglishEdition），2008, 82 (5)：1015-1019.

［30］Haron M J, Ab Rahim F, Abdullah A H, et al. Sorption removal of arsenic by cerium－exchanged zeolite P［J］. Materials Science & Engineering, 2008, 149 (2)：204-208.

［31］Stanic T, Dakovic A, Zivanovic A, et al. Adsorption of arsenic（V）by iron（Ⅲ）－modified natural zeolitic tuff［J］. Environmental Chemistry Letters, 2009, 7 (2)：161-166.

［32］Manning B A, Goldberg S. Modeling arsenate competitive adsorption on kaolinite, montmorillonite and illite［J］. Clays and Clay Minerals, 1996, 44 (5)：609-623.

［33］Chuang C L, Fan M, Xu M, et al. Adsorption of arsenic（V）by activated carbon prepared from oat hulls［J］. Chemosphere, 2005, 61 (4)：478-483.

［34］Wu Y H, Li B, Feng S X, et al. Adsorption of Cr（Ⅵ）and As(Ⅲ) on coaly activated carbon in single and binary systems［J］. Desalination, 2009, 249 (3)：1067-1073.

［35］Lee S. Application of activated carbon fiber（ACF）for arsenic removal in aqueous solution［J］. Korean Journal of Chemical Engineering, 2010, 27 (1)：110-115.

［36］Borah D, Satokawa S, Kato S, et al. Sorption of As(V) from aqueous solution using acid modified carbon Black［J］. Journal of Hazardous Materials, 2009, 162 (2/3)：1269-1277.

［37］Chang Q G, Lin W, Ying W C. Preparation of iron-impregnated granular activated carbon for arsenic removal from drinking water［J］. Journal of Hazardous Materials, 2010, 184 (1-3)：515-522.

［38］Ghanizadeh G, Ehrampoush M H, Ghaneian M T. Application of iron impregnated activated carbon for removal of arsenic from water［J］. Iranian Journal of Environmental Health Science & Engineering, 2010, 7 (2)：145-156.

［39］Gupta A K, Deva D, Sharma A, et al. Fe-Grown Carbon Nanofibers for Removal of Arsenic（V）in Wastewater［J］. Industrial and Engineering Chemistry Research, 2010, 49 (15)：7074-7084.

［40］Manju G N, Raji C, Anirudhan T S. Evaluation of coconut husk carbon for the removal of arsenic from water［J］. Water Research, 1998, 32 (10)：3062-3070.

［41］Peraniemi S, Hannonen S, Mustalahti H, et al. Zirconium-loaded activated charcoal as an adsorbent for arsenic, selenium and mercury [J]. Fresenius journal of analytical chemistry, 1994, 349 (7): 510-515.

[42] Daus B, Wennrich R, Weiss H. Sorption materials for arsenic removal from water: a comparative study [J]. Water Research, 2006, 38 (12): 2948-2954.

[43] Sun F L, Osseo-Asare K A, Chen Y S, et al. Reduction of As(V) to As(Ⅲ) by commercial ZVI or As(0) with acid-treated ZVI [J]. Journal of Hazardous Materials, 2011, 196: 311-317.

[44] Beker U, Cumbal L, Duranoglu D, et al. Preparation of Fe oxide nanoparticles for environmental applications: arsenic removal [J]. Environ Geochem Health, 2010, 32 (4): 291-296.

[45] Banerjee K, Am G L, Prevostc M, et al. Kinetic and thermodynamic aspects of adsorption of arsenic onto granular ferric hydroxide (GFH) [J]. Water Research, 2008, 42 (13): 3371-3378.

[46] Tang W T, Li Q, Li C F, et al. Ultrafine α-Fe_2O_3 nanoparticles grown in confinement of in situ self-formed "cage" and their superior adsorption performance on arsenic (Ⅲ) [J]. Journal of Nanoparticle Research, 2011, 13 (6): 2641-2651.

[47] Guo H M, Li Y, Zhao K, et al. Removal of arsenite from water by synthetic siderite: Behaviors and mechanisms [J]. Journal of Hazardous Materials, 2011, 186 (2/3): 1847-1854.

[48] Mamindy-Pajany Y, Hurel C, Marmier N, et al. Arsenic (V) adsorption from aqueous solution onto goethite, hematite, magnetite and zero-valent iron: Effects of pH, concentration and reversibility [J]. Desalination, 2011, 281: 93-99.

[49] Tripathy S S, Raichur A M. Enhanced adsorption capacity of activated alumina by impregnation with alum for removal of As(V) from water [J]. Chemical Engineering Journal, 2008, 138 (1/2/3): 179-186.

[50] Yu M J, Li X, Ahn W S. Adsorptive removal of arsenate and orthophosphate anions by mesoporous alumina [J]. Microporous and Mesoporous Materials, 2008, 113 (1-3): 197-203.

[51] Manning B A, Fendorf S E, Bostick B, et al. Arsenic (Ⅲ) Oxidation and Arsenic (V) Adsorption Reactions on Synthetic Birnessite [J]. Environmental Science and Technology, 2002, 36 (5): 976-981.

[52] 梁慧峰, 马子川, 张杰, 等. 新生态二氧化锰对水中三价砷去除作用的研究 [J]. 环境污染与防治, 2005, 27 (3): 168-171.

[53] Pena M E, Korfiatis G P, Patel M, et al. Adsorption of As (V) and As (Ⅲ) by nanocrystalline titanium dioxide [J]. Water Research, 2005, 39 (11): 2327-2337.

[54] Bang S, Patel M, Lippincott L, et al. Removal of arsenic from groundwater by granular titanium dioxide adsorbent [J]. Chemosphere, 2005, 60 (3): 389-397.

[55] Martinson C A, Reddy K J. Adsorption of arsenic (Ⅲ) and arsenic (V) by cupric oxide nanoparticles [J]. Journal of Colloid and Interface Science, 2009, 336 (2): 406-411.

[56] Manna B, Ghosh U C. Adsorption of arsenic from aqueous solution on synthetic hydrous stannic oxide [J]. Journal of Hazardous Materials, 2007, 144 (1-2): 522-531.

[57] Hristovski K D, Paul K, et al. Arsenate Removal by Nanostructured ZrO_2 Spheres [J]. Environmental Science & Technology, 2008, 42 (10): 3786-3790.

[58] Bortun A, Bortun M, Pardini J, et al. Synthesis and characterization of a mesoporous hydrous zirconium oxide used for arsenic removal from drinking water [J]. Materials Research Bulletin, 2010, 45 (2): 142-148.

[59] Iwamoto M, Kitagawa H, Watanabe Y. Highly Effective Removal of Arsenate and Arsenite Ion through Anion Exchange on Zirconium Sulfate-Surfactant Micelle Mesostructure [J]. Chemistry Letters, 2002, 31 (8): 814-815.

[60] Li Z J, Deng S B, Yu G. As(V) and As(III) removal from water by a Ce-Ti oxide adsorbent: Behavior and mechanism [J]. Chemical Engineering Journal, 2010, 161 (1/2): 106-113.

[61] Zhang Y, Yang M, Dou X, et al. Arsenate Adsorption on an Fe - Ce Bimetal Oxide Adsorbent: Role of Surface Properties [J]. Environmental Science & Technology, 2005, 39 (18): 7246-7250.

[62] Maliyekkal S M, Philip L, Pradeep T. As(III) removal from drinking water using manganese oxide-coated-alumina: Performance evaluation and mechanistic details of surface binding [J]. Chemical Engineering Journal, 2009, 153 (1/2/3): 101-107.

[63] Gupta K, Ghosh U C. Arsenic removal using hydrous nanostructure iron (III) - titanium (IV) binary mixed oxide from aqueous solution [J]. Journal of Hazardous Materials, 2009, 161 (2/3): 884-892.

[64] Chang F F, Qu J H, Liu H J, et al. Fe-Mn binary oxide incorporated into diatomite as an adsorbent for arsenite removal: Preparation and evaluation [J]. Journal of Colloid and Interface Science, 2009, 338 (2): 353-358.

[65] Chang F F, Qu J H, Liu R P, et al. Practical performance and its efficiency of arsenic removal from ground-water using Fe-Mn binary oxide [J]. Journal of Environmental Sciences, 2010, 22 (1): 1-6.

[66] Ren Z M, Zhang G S, Chen J P. Adsorptive removal of arsenic from water by an iron-zirconium binary oxide adsorbent [J]. Journal of Colloid and Interface Science, 2011, 358 (1): 230-237.

[67] Sun X F, Hu C, Qu J H. Adsorption and removal of arsenite on ordered mesoporous Fe-modified ZrO₂ [J]. Desalination and water treatment, 2009, 8: 139-145.

[68] Wang S L, Liu C H, Wang M K, et al. Arsenate adsorption by Mg/Al-NO₃ layered double hydroxides with varying the Mg/Al ratio [J]. Applied Clay Science, 2009, 43 (1): 79-85.

[69] Dadwhal M, Sahimi M, Tsotsis T T. Adsorption Isotherms of Arsenic on Conditioned Layered Double Hydroxides in the Presence of Various Competing Ions [J]. Industrial and Engineering Chemistry Research, 2011, 50 (4): 2220-2226.

[70] Lenoble V, Chabroullet C, Al Shukry R, et al. Dynamic arsenic removal on a MnO₂-loaded resin [J]. Journal of Colloid and Interface Science, 2004, 280 (1): 62-67.

[71] Balaji T, Yokoyama T, Matsunaga H. Adsorption and removal of As(V) and As(III) using Zr-loaded lysine diacetic acid chelating resin [J]. Chemosphere, 2005, 59 (8): 1169-1174.

[72] Shao W, Li X, Cao Q, et al. Adsorption of arsenate and arsenite anions from aqueous medium by using metal (III) -loaded amberlite resins [J]. Hydrometallurgy, 2008, 91 (1/2/3/4): 138-143.

[73] Kamsonlian S, Balomajumder C, Chand S, et al. Biosorption of Cd (Ⅱ) and As(Ⅲ) ions from aqueous solution by tea waste biomass [J]. African Journal of Environmental Science and Technology, 2011, 5 (1): 1-7.

[74] Urík M, Littera P, Ševc J, et al. Removal of arsenic (Ⅴ) from aqueous solutions using chemically modified sawdust of spruce (Picea abies): Kinetics and isotherm studies [J]. International Journal of Environmental Science And Technology, 2009, 6 (3): 451-456.

[75] Kamala C T, Chu K H, Chary N S, et al. Removal of arsenic (Ⅲ) from aqueous solutions using fresh and immobilized plant biomass [J]. Water Research, 2005, 39 (13): 2815-2826.

[76] Baig J A, Kazil T G, Shah A Q, et al. Biosorption studies on powder of stem of Acacia nilotica: Removal of arsenic from surface water [J]. Journal of Hazardous Materials, 2010, 178 (1-3): 941-948.

[77] Huang X, Jiao L, Liao X, et al. Adsorptive Removal of As(Ⅲ) from Aqueous Solution by Zr (Ⅳ) -Loaded Collagen Fiber [J]. Industrial & Engineering Chemistry Research, 2008, 47 (15): 5623-5628.

[78] Deng S B, Yu G, Xie S H, et al. Enhanced Adsorption of Arsenate on the Aminated Fibers: Sorption Behavior and Uptake Mechanism [J]. Langmuir, 2008, 24 (19): 10961-10967.

[79] Anjana K V. Tolerance and removal of arsenic by a facultative marine fungus Aspergillus candidus [J]. Bioresource Technology, 2010, 101 (7): 2565-2567.

[80] Maheswari S, Murugesan A G. Biosorption of arsenic (Ⅲ) ion from aqueous solution using Aspergillus fumigatus isolated from arsenic contaminated site [J]. Desalination and Water Treatment, 2009, 11 (1-3): 294-301.

[81] Chowdhury M R I, Mulligan C N. Biosorption of arsenic from contaminated water by anaerobic biomass [J]. Journal of Hazardous Materials, 2011, 190 (1/2/3): 486-492.

[82] Altundogan H S, Altundogan S, Tumen F, et al. Arsenic removal from aqueous solutions by adsorption on red mud [J]. Waste Management, 2000, 20 (8): 761-767.

[83] 王湖坤, 龚文琪, 彭建军, 等. 粉煤灰处理含砷工业废水的研究 [J]. 工业水处理, 2007, 27 (4): 38-40.

[84] Jeon C S, Batjargal T, Seo C, et al. Removal of As(Ⅴ) from aqueous system using steel-making by-product [J]. Desalination and water treatment, 2009, 7 (1/2/3): 152-159.

[85] Gibbons M K, Gagnon G A. Adsorption of arsenic from a Nova Scotia groundwater onto water treatment residual solids [J]. Water Research, 2010, 44 (19): 5740-5749.

[86] Altundogan H S, Altundogan S, Tumen F, et al. Arsenic adsorption from aqueous solutions by activated red mud [J]. Waste Management, 2002, 22 (3) 357-363.

[87] Li Y, Zhang F S, Xiu F R. Arsenic (Ⅴ) removal from aqueous system using adsorbent developed from a high iron-containing fly ash [J]. Science of the Total Environment, 2009, 407 (21): 5780-5786.

[88] Ranjana D, Talat M B, Hasan S H. Biosorption of arsenic from aqueous solution using agricultural residue 'rice polish' [J]. Journal of Hazardous Materials, 2009, 166 (2/3): 1050-1059.

[89] Oke I A, Olarinoye N O, Adewusi S. R. A. Adsorption kinetics for arsenic removal from a-queous solutions by untreated powdered eggshell [J]. Adsorption, 2008, 14 (1): 73-83.

[90] Lin M C, Liao C M, Chen Y C. Shrimp shell as a potential sorbent for removal of arsenic from aqueous solution [J]. Fisheries Science, 2009, 75 (2): 425-434.

[91] Chio C P, Lin M C, Liao C M. Low-cost farmed shrimp shells could remove arsenic from solutions kinetically [J]. Journal of Hazardous Materials, 2009, 171 (1/2/3): 859-864.

[92] Ghimire K N, Inoue K, Yamaguchi H, et al. Adsorptive separation of arsenate an d arsenite anions from aqueous medium by using orange waste [J]. Water Rearch, 2003, 37 (20): 4945-4953.

[93] Vaudry F, Khodabandeh S. Davis M E. Synthesis of Pure Alumina Mesoporous Materials [J]. Chemistry of Materials, 1996, 8 (7): 1451-1464.

[94] Lesaint C, Kleppa G, Arla D, et al. Synthesis and characterization of mesoporous alumina materials with large pore size prepared by a double hydrolysis route [J]. Microporous and Mesoporous Materials, 2009, 119 (1/2/3): 245-251.

[95] Aguado J, Escola J M, Castro M C. Influence of the thermal treatment upon the textural properties of sol-gel mesoporous γ-alumina synthesized with cationic surfactants [J]. Microporous and Mesoporous Materials, 2010, 128 (1/2/3): 48-55.

[96] Aguado J, Escola J M, Castro M C. Sol-gel synthesis of mesostructured γ-alumina templated by cationic surfactants [J]. Microporous and Mesoporous Materials, 2005, 83 (1/2/3): 181-192.

[97] Xiu F, Li W. Morphologically controlled synthesis of mesoporous alumina using sodium lauroyl glutamate surfactant [J]. Materials Letters, 2010, 64 (16): 1858-1860.

[98] Kim Y, Lee B, Y J. Synthesis of mesoporous γ-alumina through Pre- and Post-hydrolysis methods [J]. Korean Journal of Chemical Engineering, 2002, 19 (5): 908-910.

[99] Yada M, Hiyoshi H, Ohe K, et al. Synthesis of aluminum-based surfactant mesophases morphologically controlled through a layer to hexagonal transition [J]. Inorganic Chemistry, 1997, 36 (24): 5565-5569.

[100] Kim C, Kim Y, Kim P, et al. Synthesis of Mesoporous Alumina by using a cost-effective Template [J]. Korean Journal of Chemical Engineering, 2003, 20 (6): 1142-1144.

[101] Sicard L, Llewellyn P L, Patarin J, et al. Investigation of the mechanism of the surfactant removal from a mesoporous alumina prepared in the presence of sodium dodecylsulfate [J]. Microporous and Mesoporous Materials, 2001, 44-45: 195-201.

[102] Caragheorgheopol A, Caldararu H, Vasilescu M. Structural Characterization of Micellar Aggregates in Sodium Dodecyl Sulfate/Aluminum Nitrate/Urea/Water System in the Synthesis of Mesoporous Alumina [J]. The Journal of Chemical Physics B, 2004, 108 (23): 7735-7743.

[103] Gonzaez-Pena V, Marquez-Alvarez C, Diaz I, et al. Sol-gel synthesis of mesostructured aluminas from chemically modified aluminum sec-butoxide using non-ionic surfactant templating [J]. Microporous and Mesoporous Materials, 2005, 80 (1/2/3): 173-182.

[104] 李志平, 赵瑞红, 郭奋, 等. 高比表面积有序介孔氧化铝的制备与表征 [J]. 高等学校化学学报, 2008, 29 (1): 13-17.

[105] Niesz K, Yang P. Somorjai G A. Sol-gel synthesis of ordered mesoporous alumina [J]. Chemical Communications, 2005, 15: 1986-1987.

[106] Deng W, Bodart P, Pruski M, et al. Characterization of mesoporous alumina molecularsieves synthesized by nonionic templating [J]. Microporous and Mesoporous Materials, 2002, 52 (3): 169-177.

[107] Zhao R H, Guo F, Hu Y Q, et al. Self-assembly synthesis of organized mesoporous alumina by precipitation method in aqueous solution [J]. Microporous and Mesoporous Materials, 2006, 93 (1/2/3): 212-216.

[108] Maekawaa H, Tanakaa R, Satoa T, et al. Size-dependent ionic conductivity observed for ordered mesoporous alumina-LiI composite [J]. Solid State Ionics, 2004, 175 (1/2/3/4): 281-285.

[109] Ren T Z, Yuan Z Y, Su B L. Microwave-Assisted Preparation of Hierarchical Mesoporous-Macroporous Boehmite AlOOH and γ-Al$_2$O$_3$ [J]. Langmuir, 2004, 20: 1531-1534.

[110] Lu A H, Schüth F. Nanocasting pathways to create ordered mesoporous solids [J]. Comptes Rendus Chimie, 2005, 8 (3/4): 609-620.

[111] Liu Q, Wang A, Wang X, et al. Nanocasting synthesis of ordered mesoporous alumina with crystalline walls: influence of aluminium precursors and filling times [J]. Studies in Surface Science and Catalysis, 2007, 170B: 1819-1826.

[112] Baca M, de la Rochefoucauld E, Ambroise E, et al. Characterization of mesoporous alumina prepared by surface alumination of SBA-15 [J]. Microporous and Mesoporous Materials, 2008, 110 (2/3): 232-241.

[113] Li W C, Lu A H, Schmidt W, et al. High surface area, mesoporous, glassy alumina with a controllable Pore Size by nanocasting from carbon aerogels [J]. Chemistry-A European Journal, 2005, 11 (5): 1658-1664.

[114] Liu Q, Wang A, Wang X, et al. Ordered crystalline alumina molecular sieves synthesized via a nanocasting route [J]. Chemistry of Materials, 2006, 18 (22): 5153-5155.

[115] Wu Z X, Li Q, Feng D, et al. Ordered mesoporous crystalline γ-Al$_2$O$_3$ with variable architecture and porosity from a single hard template [J]. Journal of the American Chemical Society, 2010, 132 (34): 12042-12050.

[116] Zhu K, Pozgan F, D'Souza L, et al. Ionic liquid templated high surface area mesoporous silica and Ru-SiO$_2$ [J]. Microporous and Mesoporous Materials, 2006, 91 (1/2/3): 40-46.

[117] Wang T, Kaper H, Antonietti M, et al. Templating behavior of a long-chain ionic liquid in the hydrotherm al synthesis of mesoporous silica [J]. Langmuir, 2007, 23 (3): 1489-1495.

[118] Zilkova N, Zukal A, Cejka J. Synthesis of organized mesoporous alumina templated with ionic liquids [J]. Microporous and Mesoporous Materials, 2006, 95 (1/2/3): 176-179.

[119] Park H S, Yang S H, Jun Y S, et al. Facile route to synthesize large-mesoporous γ-alumina by room temperature ionic liquids [J]. Chemistry of Materials, 2007, 19 (3): 535-542.

[120] Li D Y, Lin Y S, Li Y C, et al. Synthesis of mesoporous pseudoboehmite and alumina templated with 1-hexadecyl-2, 3-dimethyl-imidazolium chloride [J]. Microporous and Mesoporous

Materials, 2008, 108 (1/2/3): 276-282.

[121] Xu B, Xiao T, Yan Z, et al. Synthesis of mesoporous alumina with highly thermal stability u-sing glucose template in aqueous system [J]. Microporous and Mesoporous Materials, 2006, 91 (1/2/3): 293-295.

[122] Shan Z, Jansen J C, Zhou W, et al. Al-TUD-1, stable mesoporous aluminas with high sur-face areas [J]. Applied Catalysis A: General, 2003, 254 (2): 339-343.

[123] Liu Q, Wang A, Wang X D, et al. Mesoporous γ-alumina synthesized by hydro-carboxylic acid as structure-directing agent [J]. Microporous and Mesoporous Materials, 2006, 92 (1/2/3): 10-21.

[124] Liu X, Wei Y, Jin D, et al. Synthesis of mesoporous aluminum oxide with aluminum alkoxide and tartaric acid [J]. Materials Letters, 2000, 42 (3): 143-149.

[125] Kosuge K, Ogata A. Effect of SiO_2 addition on thermal stability of mesoporous γ-alumina composed of nanocrystallites [J]. Microporous and Mesoporous Materials, 2010, 135 (1/2/3): 60-66.

[126] Kim P, Joo J B, Kim H, et al, Preparation of mesoporous Ni-alumina catalyst by one-step sol-gel method: control of textural properties and catalytic application to the hydrodechlorination of o-dichlorobenzene [J]. Catalysis Letters, 2005, 104 (3-4): 181-189.

[127] Sun Z X, Zheng T T, Bo Q B, et al. Effects of calcination temperature on the pore size and wall crystalline structure of mesoporous alumina [J]. Journal of Colloid and Interface Science, 2008, 319 (1): 247-251.

[128] Sun Z X, Zheng T T, Bo Q B, et al. Effects of alkali metal ions on the formation of meso-porous alumina [J]. Journal Materials Chemistry, 2008, 18: 5941-5947.

[129] Kaluza L, Zdrazil M, Zilkova N, et al. High activity of highly loaded MoS_2 hydrodesulfuriza-tion catalysts supported on organized mesoporous alumina [J]. Catalysis Communications, 2002, 3: 151-157.

[130] Čejka J, Zilkova N, Kaluža L, et al. Mesoporous Alumina as a Support for Hydrodesulfuriza-tion Catalysts [J]. Studies in Surface Science and Catalysis, 2002, 141: 243-250.

[131] Hicks R W, Castagnola N B, Zhang Z R, et al. Lathlike mesostructured γ-alumina as a hydrodesulfurization catalyst support [J]. Applied Catalysis A: General, 2003, 254 (2): 311-317.

[132] Liu Q, Wang A Q, Wang X H, et al. Synthesis, characterization and catalytic applications of mesoporous γ-alumina from boehmite sol [J]. Microporous and Mesoporous Materials, 2008, 111 (1/2/3): 323-333.

[133] Solsona B, Dejoz A, Garcia T, et al. Molybdenum-Vanadium supported on mesoporous alu-mina catalysts for the oxidative dehydrogenation of ethane [J]. Catalysis Today, 2006, 117 (1/2/3): 228-233.

[134] McKay G, Bino M J, Altamemi A R. The adsorption of various pollutants from aqueous solu-tions on to activated carbon [J]. Water Research, 1985, 19 (4): 491-495.

[135] 张继义, 梁丽萍, 蒲丽君, 等. 小麦秸秆热处理生物碳质对 Cr (Ⅵ) 的吸附性能 [J].

兰州理工大学学报, 37 (2): 64-68.

[136] Wang Y, Bryan C, Xu H, et al. Interface chemistry of nanostructured materials: Ion adsorption on mesoporous alumina [J]. Journal of Colloid and Interface Science, 2002, 254 (1): 23-30.

[137] Han C Y, Pu H P, Li H Y, et al. The optimization of As(V) removal over mesoporous alumina by using response surface methodology and adsorption mechanism [J]. Journal of Hazardous Materials, 2013, 254: 301-309.

[138] Gan Z H, Ning G L, Lin Y, et al. Morphological control of mesoporous alumina nanostructures via template-free solve thermal synthesis [J]. Materials Letters, 2007, 61 (17): 3758-3761.

[139] Cejka J, Kooyman P J, Vesela L, et al. High-temperature transformations of organised mesoporous alumina [J]. Physical Chemistry Chemical Physics, 2002, 4: 4823-4829.

[140] Zhang Y, Yang M, Huang X. Arsenic (V) removal with a Ce (IV) -doped iron oxide adsorbent [J]. Chemosphere, 2003, 51 (9): 945-952.

[141] Babou F, Coudurier G, Vedrine J C. Acidic Properties of Sulfated Zirconia: An Infrared Spectroscopic Study [J]. Journal of Catalysis, 1995, 152 (2): 341-349.

[142] Liu C, Liu Y C, Ma Q X, et al. Mesoporous transition alumina with uniform pore structure synthesized by alumisol spray pyrolysis [J]. Chemical Engineering Journal, 2010, 163 (1/2): 133-142.

[143] Kim T, Lian J B, Ma J M, et al. Morphology Controllable Synthesis of γ-Alumina Nanostructures via an Ionic Liquid-Assisted Hydrothermal Route [J]. Crystal Growth & Design, 2010, 10 (7): 2928-2933.

[144] Pillewan P, Mukherjee S, Roychowdhury T, et al. Removal of As(III) and As(V) from water by copper oxide incorporated mesoporous alumina [J]. Journal of Hazardous Materials, 2011, 186 (1): 367-375.

[145] Blazquez G, Martin-Lara M A, Tenorio G, et al. Batch biosorption of lead (II) from aqueous solutions by olive tree pruning waste: Equilibrium, kinetics and thermodynamic study [J]. Chemical Engineering Journal, 2011, 168 (1): 170-177.

[146] Saha B, Chakraborty S, Das G. A mechanistic insight into enhanced and selective phosphate adsorption on a coated carboxylated surface [J]. Journal of Colloid and Interface Science, 2009, 331 (1): 21-26.

[147] Meng X G, Bang S, Korfiatis G P. Effects of silicate, sulfate, and carbonate on arsenic removal by ferric chloride [J]. Water Research, 2000, 34 (4): 1255-1261.

[148] Li W, Cao C Y, Wu L Y. Superb fluoride and arsenic removal performance of highly ordered mesoporous aluminas [J]. Journal of Hazardous Materials, 2011, 198 (30): 143-150.

[149] Lin T F, Wu J K. Adsorption of arsenite and arsenate within activated alumina grains: equilibrium and kinetics [J]. Water Research, 2001, 35 (8): 2049-2057.

[150] Swain S K, Patnaik T, Singh V K, et al. Kinetics, equilibrium and thermodynamic aspects of removal of fluoride fromdrinking water using meso-structured zirconium phosphate [J]. Chemical Engineering Journal, 2011, 171 (3): 1218-1226.

[151] Vasiliu S, Bunia I, Racovita S, et al. Adsorption of cefotaxime sodium salt on polymer coated ion exchange resin microparticles: Kinetics, equilibrium and thermodynamic studies [J]. Carbohydrate Polymers, 2011, 85 (2): 376-387.

[152] Singh R, Chadetrik R, Kumar R, et al. Biosorption optimization of lead (Ⅱ), cadmium (Ⅱ) and copper (Ⅱ) using response surface methodology and applicability in isotherms and thermodynamics modeling [J]. Journal of Hazardous Materials, 2010, 174 (1/2/3): 623-634.

[153] Wu Z, Li H, Ming J, et al. Optimization of Adsorption of Tea Polyphenols into Oat β-Glucan Using Response Surface Methodology [J]. Journal of Agricultural and Food Chemistry, 2011, 59 (1): 378-385.

[154] Rana-Madaria P, Nagarajan M, Rajagopal C, et al. Removal of Chromium from Aqueous Solutions by Treatment with Carbon Aerogel Electrodes Using Response Surface Methodology [J]. Industrial & Engineering Chemistry Research, 2005, 44 (17): 6549-6559.

[155] Joglekar A M, May A T. Product excellence through design of experiments [J]. Cereal Foods World, 1987, 32: 857-868.

[156] Kim Y H, Kim C, Choi I, et al. Arsenic Removal Using Mesoporous Alumina Prepared via a Templating Method [J]. Environ. Sci. Technol., 2004, 38 (3): 924-931.

[157] Doukkali M E, Iriondo A, Arias P L, et al. Bioethanol/glycerol mixture steam reforming over Pt and PtNi supported on lanthana or ceria doped alumina catalysts [J]. International Journal of Hydrogen Energy, 2012, 37 (10): 8298-8309.

[158] Liu C, Liu Y C, Ma Q X, et al. Mesoporous transition alumina with uniformpore structure synthesized by alumisol spray pyrolysis [J]. Chem. Eng. J. 2010, 163: 133-142.

[159] Music S, Dragcevic D, Popovic S. Hydrothermal crystallization of boehmitefrom freshly precipitated aluminium hydroxide [J]. Mater. Lett. 1999, 40: 269-274.

[160] Ma Y, Zheng Y M, Chen J P. A zirconium based nanoparticle for significantly enhanced adsorption of arsenate: Synthesis, characterization and performance [J]. Journal of Colloid and Interface Science, 2011, 354 (2): 785-792.

[161] Guan X H, Wang J M, Chusuei C C. Removal of arsenic from water using granular ferric hydroxide: Macroscopic and microscopic studies [J]. Journal of Hazardous Materials, 2008, 156 (1/2/3): 178-185.

[162] Chen Y M, Wang M K, Huang P M, et al. Influence of catechin on precipitation of aluminum hydroxide [J]. Geoderma, 2009, 152 (3/4): 296-300.

[163] Music S, Dragcevic O, Popovic S. Hydrothermal crystallization of boehmite from freshly precipitated aluminium hydroxide [J]. Materials Letters, 1999, 40 (6): 269-274.

[164] Hou H W, Xie Y, Yang Q, et al. Preparation and characterization of γ-AlOOH nanotubes and nanorods [J]. Nanotechnology, 2005, 16 (6): 741-745.

[165] Blazquez G, Martin-Lara M A, Tenorio G, et al. Batch biosorption of lead (Ⅱ) from aqueous solutions by olive tree pruning waste: equilibrium, kinet-ics and thermodynamic study [J]. Chem. Eng. J. 2011, 168: 170-177.

[166] Yuan Q, Yin A X, Luo C, et al. Facile synthesis for ordered mesoporous γ-aluminas with

high thermal stability [J]. J Am Chem Soc 2008, 130: 3465-3472.

[167] Ahmad M A, Rahman N K, Equilibrium. Kinetics and thermodynamic of Remazol Brilliant Orange 3R dye adsorption on coffee husk-based activated carbon [J]. Chemical Engineering Journal, 2011, 170 (1): 154-161.

[168] Ma Y, Zheng Y M, Chen J P. A zirconium based nanoparticle for significantly enhanced adsorption of arsenate: Synthesis, characterization and performance [J]. Colloid Interface Sci. 2011, 354: 785-792.

[169] Peak D, Ford R G, Sparks D L. An in Situ ATR-FTIR Investigation of Sulfate Bonding Mechanisms on Goethite [J]. Colloid Interface Sci. 1999, 218: 289-299.

[170] Cambier P. Infrared study of goethites of varying crystallinity and particle size: I. interpretation of oh and lattice vibration frequencies [J]. Clay Miner. 21 (1986) 191-200.

[171] Gotic M, Music S, Mossbauer. FT-IR and FE SEM investigation of iron oxides precipitated from FeSO$_4$ solutions [J]. Mol. Struct. 2007, 834-836: 445-453.

[172] Duong L V, Wood B J, Kloprogge J T. XPS study of basic aluminum sulphate and basic aluminium nitrate [J]. Mater. Lett., 2005, 59: 1932-1936.

[173] Wagner C D, Passoja D E, Hillery H F, et al. Auger and photoelectron line energy relationships in aluminum-oxygen and silicon-oxygen compounds [J]. Vac. Sci. Technol. 21 (1982) 933-944.

[174] Lindberg B J, Hamrin K, Johansson G, et al. Molecular Spectroscopy by Means of ESCA II. Sulfur compounds [J]. Correlation of electron binding energy with structure, Phys. Scr. 1 (1970) 286298.

[175] Allen G C, Curtis M T, Hooper A J, et al. X-ray photoelectron spectroscopy of chromiumoxygen systems [J]. Chem. Soc. Dalton Trans. (1974) 1525-1683.

[176] Ciliberto E, Fragala I, Rizza R, et al. Synthesis of aluminum oxide thin films: Use of aluminum tris-dipivaloylmethanate as a new low pressure metal organic chemical vapor deposition precursor [J]. Appl. Phys. Lett. 67 (1995) 1624-1626.

[177] Arata K, Hino M. Solid catalyst treated with anion: XVIII. Benzoylation of toluene with benzoyl chloride and benzoic anhydride catalysed by solid superacid of sulfate-supported alumina [J]. Appl. Catal. 59 (1990) 197-204.

[178] Brion D. Etude par spectroscopie de photoelectrons de la degradation superficielle de FeS$_2$, CuFeS$_2$, ZnS et PbS a l'air et dans l'eau [J]. Appl. Surf. Sci. 5, 133 (1980).

[179] Konno H, Nagayama M. X-ray photoelectron spectra of hexavalent iron [J]. Electron Spectrosc. Relat. Phenom. 18, 341 (1980).

[180] Arata K, Hino M. Solid catalyst treated with anion: XVIII. Benzoylation of toluene with benzoyl chloride and benzoic anhydride catalysed by solid superacid of sulfate-supported alumina [J]. Appl Catal. 59 (1990) 197-204.

[181] Siriwardane R, Cook J. Interactions of SO$_2$ with sodium deposited on silica [J]. J Colloid Interface Sci. 108 (1985) 414-422.